DROHNEN

UNBEMANNTE KRIEGER DER LÜFTE

Horst W. Laumanns

Motor buch Verlag

Einbandgestaltung: Frank Zähringer

Bildnachweis: Soweit nicht anders vermerkt, stammen die Bilder vom Autor bzw. aus dessen Archiv.

Für
Anita & Dirk & Robin

ISBN 978-3-613-04255-1

1. Auflage 2020

Sie finden uns im Internet unter
www.motorbuch-verlag.de

Lektorat: Alexander Burden
Innengestaltung: Günther Nord, 69434 Heddesbach
Druck: Graspo CZ a.s., 76302 Zlin
Printed in Czech Republic

INHALT

VORWORT

Mit diesem Buch präsentiere ich Ihnen eine Auswahl der modernsten und bei den diversen Streitkräften in Dienst gestellten unbemannten Luftfahrzeuge, erläutere ihre Geschichte und wage einen Blick in die Zukunft.

Wie das bemannte Flugzeug im Ersten Weltkrieg neue Dimensionen des Luftkrieges erschloss, revolutionieren Drohnen in jüngster Zeit das taktische und strategische militärische Denken – und ein Ende dieser Entwicklung ist nicht absehbar.

Altbewährtes immer wieder kritisch und unvoreingenommen prüfen und bewerten, neue – oft auch utopisch wirkende – Techniken und Theorien hinterfragen, ist für Militärs überlebenswichtig. Da sich nicht jede Theorie als realistisch erweist, erwies sich beispielsweise Mitte des 20. Jahrhunderts. Damals schienen ballistische Raketen die strategischen Bomberflotten der Großmächte aus fast allen Aufgaben verdrängen zu können. Eine »Revolution«, die letztendlich an den vielseitigeren Möglichkeiten der bemannten Fluggeräte scheiterte.

Erfolgreich und zukunftsorientiert zeigt sich hingegen die Entwicklungsgeschichte unbemannter Fluggeräte. Ein wichtiger Aspekt für ihre Entwicklung ist zweifellos die Bedrohung bemannter Kampfflugzeuge und -hubschrauber durch immer leistungsfähigere Flugabwehrsysteme. Also Waffensysteme, die die Gefahr für Leib und Leben der fliegenden Besatzungen in unkalkulierbarem Maße gefährden. Dabei ist zu beachten, dass Militärs bei der Analyse dieser Gefahren nicht nur das »Pilotenrisiko«, sondern auch den Verlust ihrer kostspieligen Fluggeräte bewerten müssen. Denn der Verlust einer vergleichsweise kostengünstig gefertigten Drohne ist leichter zu verschmerzen, als extrem teure bemannte Kampfflugzeuge und Hubschrauber samt langjährig kostspielig geschulten Besatzungen zu verlieren.

Als Lösung bieten sich boden- und/oder schiffsgestützte unbemannte Fluggeräte von flugzeug- und/oder hubschrauberähnlicher Konst-

Drohnen-Bodenkontrollstation. (© USAF, Airman 1st Class Jason Ridder)

ruktion an. In Entwicklung und Produktion weit aus preisgünstiger als konventionelle, bemannte Kampfflugzeuge und -hubschrauber, können sie verhältnismäßig kurzfristig in größerer Zahl entworfen, gefertigt und vielseitiger eingesetzt werden: Aufklärung, Zieldarstellung, Stör-, Täusch-, Köder- und Luftangriffsmissionen.

Wie in der zivilen Wirtschaft, so ist auch in der Wehrtechnik – und hier ganz besonders in der Drohnen-Welt – eine unaufhaltsame technische Revolution im Gange. Ist es heute noch alltäglich, dass sich ein Drohnen-»Pilot« nach dem Frühstück von seiner Familie verabschiedet, zu seinem Stützpunkt fährt, eine Drohne startet und zu einem tausende Kilometer entfernten Einsatzort leitet, dort Feindziele erkundet, beobachtet und bekämpft und nach Dienstschluss wieder in sein Auto steigt und nach Hause fährt. So werden schon in naher Zukunft intelligente und unermüdliche Roboter dank »künstlicher Intelligenz« sogar komplexe »menschliche« Aufgaben übernehmen und maschinengesteuerte Systeme hochqualifizierte Soldaten aus den Drohnen-Kontrollräumen verdrängen. Namhafte Experten gehen sogar davon aus, dass computergesteuerte Drohnen bis Mitte der 2020er-Jahre den menschlichen Piloten überflügelt haben könnten.

Das Resümee: Drohnen werden die Lufthoheit übernehmen! Glaubte man 2010 noch, dass die Militärs bis 2020 weltweit rund 80 Milliarden US-Dollar für unbemannten Fluggeräte ausgeben würden, so sind diese Zahlen inzwischen längst überholt. Allein die USA haben in diesem Zeitraum mehr als 60 Milliarden Dollar in Drohnenprojekte investiert und sind entschlossen, diesen Vorsprung auszubauen. Was in Russland und in der aufstrebenden Weltmacht, der Volksrepublik China, geschieht, bleibt abzuwarten.

Horst W. Laumanns
Bergheim, März 2020

Zeitgenössische Darstellung vom Start des unbemannten Heißluftballons auf dem Marktplatz von Annonay am 4. Juni 1783. Der Mensch hatte den Luftraum erobert.

Schnell folgten weitere Erfindungen, wie zum Beispiel der Wasserstoff-Charlière des französischen Gelehrten Charles, die unbemannte Papier-Montgolfière des bayrischen Benediktinerpaters Schiegg im Kloster Ottobeuren und bald galten Ballonaufstiege als Jahrmarktsensation.

Wer sich mit modernen Drohnen beschäftigt, ist sich selten bewusst: Die Verwirklichung des uralten Menschheitstraums vom Fliegen nahm streng genommen mit unbemannten Fluggeräten ihren Anfang!

Neuron. Start in Istres, dem Flugtestzentrum von Dassault Aviation.
(© Dassault Aviation – A. Paringaux)

19. September 2019: Erstflug der Stingray MQ-25.
(© Boeing)

CHINA

Natürlich haben auch die Volksbefreiungsarmee der Volksrepublik China (Heer, Luftwaffe, Marine) längst die Bedeutung unbemannter Luftfahrzeuge für die gegenwärtigen und zukünftigen Konflikte erkannt. Anfangs noch auf sowjetisch-russische Konstruktionen gestützt, präsentiert Chinas Industrie inzwischen auf Luftfahrtausstellungen – vom einheimischen Zhuhai und Peking bis Dubai – immer wieder moderne unbemannte Waffensysteme eigener Konstruktion. Allerdings scheint der Verdacht begründet, dass nicht wenige dieser Systeme weitgehend auf US-amerikanischen bzw. israelischen Vorbildern beruhen.

Als nennenswerte Unternehmen der Luftfahrtindustrie der Volksrepublik China erscheinen beispielsweise Firmen wie Chengdu Aircraft Industry Group, Guizhou Aircraft Industry, Harbin Aircraft Industry Group, Hongdu Aviation Industry Group, Shenyang Aviation Corporation, Xi'an Aisheng Technology Group sowie Forschungseinrichtungen wie Academy Hiwing, Shenyang Aircraft Design Institute, Beijing University of Aeronautics & Astronautics und Aviation Industry Corporation of China (AVIC) – um nur einige wenige zu nennen.

Die jüngsten chinesischen unbemannten Luftfahrzeugsysteme scheinen höchsten technisch-taktisch-strategischen Anforderungen zu genügen. Allerdings sind die vorliegenden Informationen so unzureichend und oft auch widersprüchlich, dass es dem Autor unmöglich erscheint, eine nennenswerte Anzahl dieser Systeme in Wort und Bild allumfassend darzustellen. Er beschränkt sich deshalb deshalb auf die Darstellung weniger Systeme und betont, dass die technischen und allgemeinen Daten gelegentlich auf Schätzungen beruhen, also wenig fundiert sind.

In den Krisenregionen Asiens sind die chinesischen Drohnen inzwischen keine Seltenheit. So bemerkte die Besatzung eines Kreuzers der US Navy am 24. Juli 2019, dass sie in der Formosa-Straße (Meerenge zwischen Taiwan und dem chinesischen Festland) von einer Aufklärungsdrohne des Typs »Soar Dragon« (HALE-Klasse) aus großer Höhe beschattet wurde.

Gongji-11 (GJ-11) »Lijian« (scharfes Schwert)

Bei der Militärparade zur Feier des 70. Jahrestages der Volksrepublik China in Peking wurde die Gongji 11 (GJ-11) »Lijian« erstmals der Öffentlichkeit präsentiert. Als Nurflügler mit Stealth-Eigenschaft konstruiert, kann sie eine Ähnlichkeit mit den amerikanischen X-47 und dem Bomber B-2, der französischen Neuron und der russischen Skat nicht verheimlichen.

Als strategische Kampfdrohne geplant, soll die Lijian dank ihrer schwachen Radar- und Wärmesignatur gegnerische Ziele unentdeckt angreifen und bekämpfen können. Da auch Ähnlichkeiten mit der RQ-170 Sentinel der USAF unübersehbar sind, ist die Lijian mit an Sicherheit grenzender Wahrscheinlichkeit auch für Aufklärungseinsätze vorgesehen.

Konstruiert wurde die Gongji-11 »Lijian« seit Anfang des Jahres 2010 in enger Zusammenarbeit von Hongdu Aviation Industry Group, Shenyang Aviation Corporation und Shenyang Aerospace University. Nachdem der 20 Minuten dauernde Jungfernflug am 21. November 2013 und umfangreiche Tests erfolgreich absolviert waren, sollen die ersten vier seriengefertigten »scharfen Schwerter« Anfang Oktober 2019 in Dienst gestellt worden sein.

Dank geringer Radar- und Wärmesignatur sowie moderner Gestaltung, ist Lijian das fortschrittlichste unbemannte Luftfahrzeug der chinesischen Volksbefreiungsarmee.

1. Oktober 2019. Bei der Militärparade zur Feier des 70. Jahrestages der Volksrepublik China in Peking wird die »Lijian« (im Vordergrund) erstmals der Öffentlichkeit präsentiert. (© People's Republic of China Gouvernement)

Gongji-11 (GJ-11) »Lijian« (scharfes Schwert)

Triebwerk Mantelstromtriebwerk WS-13 (Turbofan ohne Nachverbrennung)		**Triebwerkleistung** k.A.
Marschgeschwindigkeit 1000 km/h	**Reichweite** 4000 km	**Dienstgipfelhöhe** 12.500 m
Massen Höchststartmasse: 20.215 kg Kampflast: 2000 kg	**Abmessungen** Spannweite: 14,00 m Länge: 10,00 m Höhe: 3,10 m	

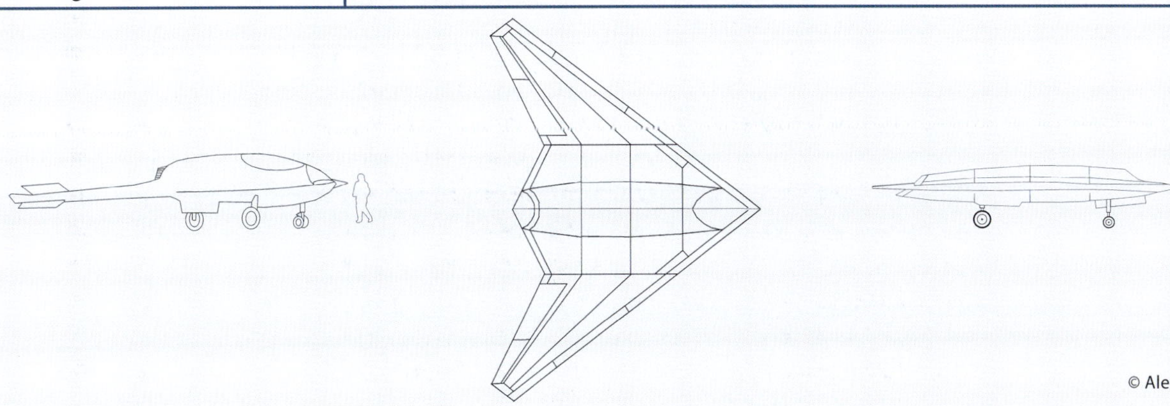

© AlexChirkin

Wing Loong

Auch als »Yìlóng-1« und »Pterodactyl« (benannt nach dem kleinen Kurzschwanzflugsaurier Pterodactyloidea) bekannt, wurde diese Aufklärungs- und Kampfdrohne vom Institut CADI (Chengdu Aircraft Design and Research Institute; Tochtergesellschaft der AVIC) konstruiert und von CAIG (Chengdu Aircraft Industry Group) seriengefertigt. Mit ihrer Entwicklung war 2005 begonnen worden und nach erfolgreichem Jungfernflug 2009 erschien sie im folgenden Jahr auf der Luftfahrtschau in Zhuhai.

Äußerlich ähnelt Wing Loong der amerikanischen Predator/Reaper-Familie, wird jedoch wesentlich preisgünstiger exportiert und so ist es nicht verwunderlich, dass dieses System nicht nur von der Luftwaffe der Volksrepublik China in Dienst gestellt, sondern inzwischen auch von Ägypten, Algerien, Kasachstan, Nigeria, Pakistan, Saudi Arabien, Serbien, Usbekistan und den Vereinigten Arabischen Emiraten beschafft wurde. Geschätzte 100 Wing-Loong-Systeme sollen bis Ende 2018 für jeweils rund 1 Million US-Dollar exportiert worden sein.

Im September 2015 enthüllte CAIG auf der Luftfahrtschau in Peking die leistungs- und kampfwertgesteigerte Wing Loong II (»Yìlóng Èr« bzw. »Pterodactyl II«.

Zur Reduzierung der Radarsignatur ist das Doppelleitwerk V-förmig gestaltet und nach außen gekehrt. Das Bugfahrwerk erlaubt sichere Starts und Landungen. Am Heck die Dreiblatt-Druck-Luftschraube; Details des Triebwerks sind unbekannt.

Offiziell wurden die ersten Wing Loong II im November 2018 von der Luftwaffe der Volksrepublik China eingeführt.

Zur Mitführung von Kampflasten (gewöhnlich Luft-Boden-Flugkörper und/oder lasergelenkte Gleitbomben) verfügt die Wing Loong II zur Bekämpfung von Bodenzielen über sechs doppelt ausgelegte Unterflügel-Waffenstationen. Die Sensorik (unter anderem Vorwärtssicht-Wärmebildgerät, SAR-Radar) ist im Bug installiert bzw. wird in einem Unterrumpfbehälter (elektro-optische und IR-Kameras) mitgeführt. Die gewonnenen Daten und Bilder werden der Bodenkontrollstation über eine satellitengestützte Datenbrücke in Echtzeit übermittelt. Die autonome Steuerung erfolgt über GPS.

Ende 2019 waren sechs verschiedene Wing Loong-Varianten bekannt.

Wing Loong I		
Triebwerk k.A.		**Einsatzflugdauer** 20 h
Höchstgeschwindigkeit 280 km/h	**Reichweite** 4000 km	**Dienstgipfelhöhe** 5300 m
Massen Höchststartmasse: 1200 kg Nutz-/Kampflast: 200 kg	**Abmessungen** Spannweite: 14,00 m Höhe: 2,70 m	Länge: 9,30 m

Wing Loong II		
Triebwerk k.A.		**Einsatzflugdauer** 32 h
Höchstgeschwindigkeit 370 km/h	**Reichweite** k.A.	**Dienstgipfelhöhe** 9900 m
Massen Höchststartmasse: 4200 kg Nutz-/Kampflast: k.A.	**Abmessungen** Spannweite: 20,50 m Höhe: 4,10 m	Länge: 11,00 m

Wing Loong I.
(© FFA P-16)

7. Mai 2017: Wing Loong II bei einer Parade der kasachischen Streitkräfte. (© Kalabaha1969)

Wing Loong II; Vorderrumpf mit Kamerabehälter und Unterflügel-Waffenstation.
(© aamanatullah)

Wing Loong II; Vorderansicht mit Blick auf Bugradfahrwerk, Unterflügel-Waffenstationen und Kampflasten.
(© Mztourist)

Yún Yǐng (Wolkenschatten)

Für Einsätze in mehr als 20 km Höhe konstruiert und bei Chengdu Aircraft Industry Group und von ihrer Tochtergesellschaft AVIC (Aviation Industry Corporation of China) gefertigt, besitzt dieses für Einsätze in großen Höhen (mehr als 20 km) konzipierte unbemannte Fluggerät ideale Stealth-Eigenschaften. 2016 auf der Luftfahrtausstellung in Zhuhai enthüllt, wird die Yún Yǐng als Kampfdrohne zur Bekämpfung von Bodenzielen und als Plattform für ISR-Einsätze (ISR steht für Intelligence, Surveillance, Reconnaissance = Nachrichtengewinnung, Überwachung, Aufklärung), angeboten. Ein System umfasst drei Luftfahrzeuge, eine Bodenkontrollstation sowie die dazugehörigen Kampf- und Nutzlasten. Flügel, Rumpf und das V-förmige Leitwerk mit den nach außen geneigten Seitenflossen sind aus Verbundwerkstoffen gefertigt. Das Bugrad des Fahrwerks ist steuerbar. Die Sensorik ist in der bauchigen »Knollennase« bzw. in einem Unterrumpfbehälter, das Triebwerk im Heckrumpf installiert. Das beispielsweise durch elektro-optische und IR-Kameras gewonnene Bildmaterial wird in Echtzeit über Entfernungen von bis zu 290 km an die Bodenkontrollstation übermittelt. Eine buginstallierte Kamera unterstützt den »Piloten« bei Start und Landung sowie während des Einsatzes. Ein SAR-Radar verfolgt Bewegtziele.

Die bewaffnete Variante verfügt über sechs Unterflügel-Waffenstationen, die für je zwei Luft-Boden-Flugkörper oder Gleitbomben oder leichte Marschflugkörper ausgelegt sind. Die Steuerung des Fluggerätes erfolgt autonom (Autopilot) bzw. manuell über eine Datenbrücke durch das Bodenkontrollpersonal. Durch die Bodenkontrollstation können bis zu drei Fluggeräte gleichzeitig eingesetzt werden.

»Wolkenschatten«, bewaffnet, auf der Luftfahrtausstellung in Dubai 2017. (© Mztourist).

Yún Yǐng (Wolkenschatten)

Triebwerk	Triebwerksleistung	Einsatzflugdauer
Turbojet WP-11C	k.A.	6 h
Höchstgeschwindigkeit 620 km/h	**Reichweite** k.A.	**Dienstgipfelhöhe** 15.000 m
Massen Leermasse: 2300 kg Höchststartmasse: 3200 kg Nutz- bzw. Kampflast: 400 kg	**Abmessungen** Spannweite: 20,00 m Länge: 9,00 m Höhe: 3,66 m	**Tankkapazität** 1000 kg

Mini-Aufklärungsdrohne »Black Hornet«.
(© Bundeswehr/Neumann)

Gesamtsystem »Black Hornet« PD-100.
(© Bundeswehr/Neumann)

Black Hornet PD-100

Steuerung GPS-gesteuerter Autopilot		**Geschwindigkeit** 5 km/h
Flugzeit 25 min.	**Reichweite** 1,5 km	**Massen** 18 g
Abmessungen Rumpflänge: 10 cm	Rumpfbreite: 2,5 cm	Rotordurchmesser: 12 cm

Euro Hawk – PEGASUS

Mit dem Euro Hawk (RQ-4E) beschaffte die Bundeswehr eine Variante der Global Hawk RQ-4B (Block 20) und plante, mit diesem System in eine neue Aufklärungsdimension vorzustoßen. Im Gegensatz zu den Global Hawk (Allgemeine und Technische Daten siehe dort) der US Air Force, wollte die Luftwaffe ihre Euro Hawk allerdings ausschließlich im Bereich der signalerfassenden Aufklärung (SIGINT) einsetzen.

Aus Höhen von bis zu 20.000 m sollte Euro Hawk dank eines von EADS gelieferten Missionssystems Signale am Boden erfassen, wie ein »Datenstaubsauger« feindliche Flugkörper- und Radarstellungen aufspüren, gegnerische Radio- und TV-Sendungen mitschneiden, Funksprüche und Telefonate abhören und SMS mitlesen. Über Satellit sollten diese abgefangenen Daten an Führungsstäbe in Deutschland oder weltweit geliefert werden. Bei einer ununterbrochenen Flugdauer von knapp 30 Stunden hätte Euro Hawk weit über 20.000 km zurücklegen und beispielsweise ein Gebiet von der Fläche Griechenlands komplett abdecken oder ohne Luftbetankung und ohne Zwischenlandung von Deutschland nach Japan – also um den halben Globus – fliegen können.

Den Anforderungen der Bundesluftwaffe angepasst und bedarfsgerecht ausgerüstet, wurde dieses Drohnensystem über das Gemeinschaftsunternehmen EuroHawk GmbH von Cassidian und Northrop Grumman entwickelt.

Zu Euro Hawks herausragenden Merkmalen gehören unter anderem die automatische Signalanalyse und -klassifizierung, Echtzeit-Lageanzeige sowie die Integrierbarkeit in C4I-Netzwerke (Command, Control, Communications, Computers and Intelligence = Führung, Kontrolle, Kommunikation, Computer und Aufklärung). Erfasste Daten können an Bord gespeichert oder in Echtzeit an die Bodenstation (auch sie wird von EADS geliefert) übertragen werden.

Am 21. Juli 2011 landete der erste Euro Hawk auf der Landebahn des Testzentrums Manching, wo EADS bei WTD 61 (Wehrtechnische Dienststelle für Luftfahrzeuge) das Missionssystem zur Signalaufklärung ISIS (Integrated Signals Intelligence System) zur vollautomatischen Erfassung und Auswertung von Signalen einrüstete. Für den Überführungsflug von Edwards AFB (Kalifornien, USA) nach Deutschland (meistens in rund 18.300 m Höhe) hatte die Euro Hawk 22 Stunden und 16 Minuten benötigt.

Das Euro-Hawk-System bestand aus einem Luftfahrzeug, der Aufklärungskomponente ISIS sowie einer Bodenkontrollstation mit mehreren Komponenten. Bei einer Länge von 14,50 m hatte das Luftfahrzeug eine beeindruckende Spannweite von fast 40 m. Im Herbst 2011 war geplant, das Euro-Hawk-System 2012 an die Luftwaffe (Aufklärungsgeschwader AG 51) und das KSA (Kommando Strategische Aufklärung) auszuliefern. Mit dem Euro Hawk wollte die Luftwaffe die 2010 mit der Außerdienststellung des Aufklärungsflugzeuges Breguet Atlantique BR-1150M entstandene Fähigkeitslücke im Bereich signalerfassende Aufklärung. schließen.

Leider mussten alle Bemühungen der Bundeswehr, eine maßgeschneiderte Version der Global Hawk für ihre speziellen Bedürfnisse zu nutzen, schließlich eingestellt werden und am 15. Mai 2013 gab das Bundesministerium der Verteidigung das Ende des Euro-Hawk-Projektes bekannt. Mit großen Hoffnungen konzipiert, scheiterte Euro Hawk, weil die Flugsicherheitsbehörde der EU das Luftfahrzeug nur für Flüge über unbewohnten Gebieten zertifizieren konnte, weil ein für die zivile Luftfahrt unerlässliches automatisches Antikollisionssystem fehlte. Das mangelhafte Zulassungsprogramm war wohl frühzeitig bekannt gewesen, aber nicht beachtet worden.

Der Projektstopp für die Euro Hawk bedeutete aber nicht, dass die Bundeswehr damit ihre Wünsche nach hochfliegenden Langstreckendrohnen zur Signalaufklärung beerdigt hätte. Gestützt auf die bei Northrop Grumman realisierte MQ-4C »Triton«, soll nun das PEGASUS-System faktisch als als Euro-Hawk-Nachfolger beschafft werden. PEGASUS steht für »PErsistent German Airborne SUrveillance System« (dauerhaftes deutsches luftgestütztes Überwachungssystem) und soll gemäß den bisher bekannten Planungen drei fast baugleiche »Triton« sowie die dazugehörigen Bodenkontrollstationen umfassen.

Um Zulassungsprobleme wie bei der Euro Hawk zu vermeiden, wäre es durchaus denkbar, dass die PEGASUS nicht von Deutschland aus operieren, sondern beispielsweise in Jordanien auf dem dortigen perfekt ausgebauten Stützpunkt der deutschen Luftwaffe stationiert werden.

Euro Hawk. Kennung 99+01. Nach Deutschland überführt, wurde sie am 21. Juli 2011 der deutschen Öffentlichkeit vorgestellt. (© Northrop Cassidian)

Heron 1

Als sich die Bundesrepublik Deutschland entschließt, im Rahmen der ISAF (International Security Assistance Force) ihren Sicherheitsbeitrag in Afghanistan zu leisten, besitzt die Bundeswehr kein »eigenes« unbemanntes Flugsystem. Allerdings erzwingt die militärische Lage schnellstmögliche Hilfe. Für Entwicklung und Fertigung eines rein deutschen unbemannten Flugsystems bleibt keine Zeit und so sieht sich die Bundeswehr zu einer ungewöhnlichen Lösung gezwungen: Das Verteidigungsministerium mietet bei den Kooperationsfirmen Rheinmetall (Sitz in Düsseldorf) und Israel Aerospace Industries das verfügbare vielseitige, robuste, strategische MALE-System (MALE = Medium Altitude, Long Endurance = mittlere Flughöhen, lange Einsatzdauer), und zwar zwei Heron 1 (Englisch für »Reiher«). Rheinmetall Defence modifiziert die Flugsysteme und schafft ein komplettes, auf die deutschen Anforderungen abgestimmtes Betreiberpaket. Konkret forderte die Bundeswehr von diesem MALE-System »streitkräftegemeinsame, kontinuierliche Lageaufklärung und Überwachung« sowie »Ziel und Wirkungsaufklärung«.

Unter immensem Zeitdruck werden 2009 alle parlamentarischen und Anfang 2010 die letzten technischen Hürden genommen. Gemäß den im Oktober 2009 zwischen Rheinmetall Defence und IAI geschlossenen Verträgen ist es am 17. März 2010 vollbracht: Beim seit 2006 auf dem ISAF-Stützpunkt Masar-e Sharif stationierten deutschen Einsatzgeschwader (EinsG MeS) startet im Februar 2010 eine deutsche Heron 1 (Kennung 99+20) zum Ersteinsatz. Aber dann geschieht es: Sicher gelandet, kollidierte das Luftfahrtzeug beim Rollen zum Abstellplatz mit einer geparkten Transall C-160 und wird irreparabel beschädigt. Wieder hieß es warten, bis Ende April 2010 eine zweite und im September desselben Jahres eine dritte Heron 1 in Afghanistan verfügbar war. Leider stürzte auch eine dieser Heron 1 am 19. Dezember 2010 – vermutlich durch Motorausfall – ab und musste nach gescheiterten Bergungsversuchen gezielt zerstört werden. Den bisher letzten Unfall meldete die Bundeswehr im November 2013, wonach eine Heron 1 wegen Verbindungs- und Programmierfehlern zwischen Luftfahrzeug und Bodenstation an einem Berghang zerschellte.

Bedient von in Israel bei IAI in knapp zehnwöchigen Kursen ausgebildeten »Piloten« (Air Vehicle

Operator = AVO) und Sensorbedienern (Payload Operator = PO) aus einer Bodenstation (Advanced Ground Control Station = AGCS geführt) übertragen die Drohnen Bilder und Filme in Echtzeit nicht nur an die im Einsatzgebiet operierenden Einheiten, sondern auch an die Einsatzführung in Mazar-e Sharif und an das Oberkommando der Luftwaffe in Deutschland. Ergänzend zu den Aufklärungseinsätzen dienen die Heron auch als Relaisstationen für Bodentruppen, die noch keine satellitengestützten Kommunikationsterminals besitzen.

Nachdem im Januar 2011 die Steuerung der unbemannten Luftfahrzeuge durch Satellitenübertragung gewährleistet war, meldete die Bundeswehr die vorläufige und am 27. Mai 2011 die volle Einsatzbereitschaft ihrer Heron 1 in Afghanistan. Seitdem sind in Masar-e Sharif meistens drei Fluggeräte dieses Typs stationiert, die bis Ende Mai 2019 mehr als 50.000 Flugstunden absolviert haben.

Ende 2014 endete ISAF. Die Bundeswehr und ihre Heron 1 beteiligen sich seit dem 1. Januar 2015 im Rahmen der NATO an der Mission »Resolute Support« in Afghanistan. Die afghanischen Streitkräfte haben inzwischen eine Stärke von mehr als 300.000 Mann erreicht und die Verantwortung für die Sicherheit in ihrem Land übernommen. Seitdem ist es Aufgabe der Bundeswehr, die Afghanen bei dieser Aufgabe zu unterstützen – dazu gehören auf Aufklärung und Überwachung aus der Luft (unter anderem mit Heron 1).

Im Einsatz können zwei Heron 1 gleichzeitig in der Luft sein. Das Operationsgebiet ist auf die unter deutscher Zuständigkeit stehende Region im Norden Afghanistans beschränkt. Dort dienen Heron 1 mit aktuellen Luftbildern ausschließlich zur direkten Unterstützung der Bodentruppen bzw. zur Überwachung gefährlicher Brennpunkte. Laut Bundeswehr hat sich »die Zwischenlösung Heron 1 bereits nach kurzer Zeit erfolgreich im Einsatz etabliert und liefert wichtige Informationen zur Planung und Durchführung von Operationen am Boden.«

Blick in eine Bodenstation. Starts und Landungen erfolgen vollautomatisch. Der »Pilot« erfüllt nur Überwachungsfunktionen und steuert die Heron 1 über eine Tastatur. Ein Satellitendatenlink erlaubt Einsätze über sehr große Entfernungen oder in hügeligem bzw. gebirgigem Gelände. Da die Heron auch im zivilen Luftraum eingesetzt wird, steht ihr »Pilot« in Kontakt mit der Flugsicherung. Die Sensorik wird vom AVO (Nutzlastbediener) gesteuert und eingesetzt. Gebaut werden die Bodenstationen von Elbit Systems. (© SSgt Reynold Ramon, USAF)

Februar 2018. Heron 1 (Kennung 99+22) landet auf deutschen Stützpunkt Masar-e Sharif (Afghanistan). Heron 1 dienen der Aufklärung aus der Luft – und so dem Schutz der Soldaten am Boden. Sie können beispielsweise Konvois begleiten und Gefahren so frühzeitig erkennen, dass die Soldaten noch auf die Bedrohung reagieren können. (© Bundeswehr/Neumann)

Die französische Luftwaffe beschaffte vier Plattformen »Heron 1« und betrieb sie von 2009 bis Juli 2018 unter dem Namen »Harfang«. (Franz.: arktische Schnee-Eule) Die von IAI praktisch unverändert übernommenen Zellen, mussten jedoch um 80 Zentimeter gestreckt werden, um die gemäß den Vorgaben der Franzosen von EADS modifizierte Elektronik installieren zu können. (© Cassidian)

Die übliche Nutzlast (Zuladung 250 kg) umfasst zwei Systeme. Dabei handelt es sich um ein an der Rumpfunterseite installiertes Bodenradar mit Seitensicht-Betriebsart, das bei Tag und Nacht und jedem Wetter die Aufklärung größerer Bewegtziele (z.B. Fahrzeuge) erlaubt. Die im Buckel auf dem Vorderrumpf installierte elektro-optische Ausstattung umfasst zwei Tageslichtkameras (eine mit 500 mm Festbrennweite und eine zweite mit zehnfachem optischen Zoom) sowie ein Vorwärtssicht-Wärmebildgerät und ein Laser-Zielbeleuchter. Der im Heckrumpf montierte Vierzylinder-Viertaktmotor Rotax 914 mit Turbolader treibt einen Druckpropeller.

»Red Baron« – Emblem für die Heron-Kooperation der deutschen und israelischen Luftwaffe. (© Bundeswehr/Francis Hildemann)

Bei Start und Landung und im Flug werden Heron 1 zumeist ferngesteuert (nur gerollt wird manuell), und zwar über eine satellitengestützte Datenverbindung oder – sofern Sichtverbindung gegeben ist – per Funk. Allerdings können die »Piloten« jederzeit in die automatische Flugsteuerung eingreifen und das Fluggerät noch nach dem Start auf einer anderen Kurs oder eine andere Flughöhe steuern. Wird die Verbindung zwischen Fluggerät und Bodenstation unterbrochen, kehrt Heron 1 automatisch zur Basis zurück und kann bei Motorausfall aus großer Höhe sogar zurücksegeln. Da Heron 1 auch im zivilen Luftraum operieren, stehen die »Piloten« in ständigem Kontakt mit der zivilen Flugsicherung.

»Piloten« und Sensorbediener sitzen in der Bodenstation vor Konsolen, auf denen wahlweise Sensorbilder oder eine 180-Grad-Panoramasicht abgerufen werden können. Der Einsatzradius von rund 400 km kann durch Funkreichweite eingeschränkt werden.

Heron 1 der Bundeswehr operieren nicht nur in Afghanistan, sondern im Rahmen der United Nations Multidimensional Integrated Stabilization Mission (Muiltidimensionale Integrierte Stabilisierungsmission der Vereinten Nationen) = MINUSMA) seit 2016 auch in Mali. Am 1. November 2016 startete dort eine Heron 1 zum ersten Einsatzflug und bereits Anfang September 2018 absolvierte dieses Aufklärungssystem dort seine 5555. Flugstunde.

Am 12. Dezember 2018 verlängerte die Bundeswehr den Betrieb der Heron-1-Drohnen durch die Airbus DS Airborne Solutions GmbH. Der Vertrag umfasst die Abdeckung des gesamten Ressourcen- und Personalbedarfs zur Unterstützung des Betriebs der Heron 1 in Afghanistan und Mali und ist auf eine Laufzeit von 15 bzw. 17 Monate ausgelegt.

Heron TP

Wohl wissend, dass der Heron 1 den Anforderungen der Bundeswehr auf Dauer nicht genügte und nur als Übergangslösung galt, entwickelten IAI und Rheinmetall Defence das System Heron TP (TP = Turboprop) bis zur Einsatzreife. Videos einer weiterentwickelten Heron-1 waren bereits im Sommer 2007 aufgetaucht. Der Erstflug dieser als »Eitan« von den israelischen Streitkräften eingeführten Drohne soll am 15. Juli 2006 erfolgreich durchgeführt worden sein.

Heron TP entspricht dem neuesten Stand der Technik und erfüllt alle Anforderungen an ein zukünftiges MALE-Aufklärungssystem für mittlere Flughöhen und lange Einsatzdauer. Gestützt auf die Grundlagen der Heron 1, war Heron TP schneller, kostengünstiger und risikoärmer verfügbar.

Der Heron TP ist weitaus leistungsfähiger als ihr Vorgängermodell, allwettertauglich und kann unter allen klimatischen Bedingungen operieren. Ihr im Heckrumpf montierte Propellerturbine treibt eine Druck-Luftschraube. Wie beim Basismodell Heron 1, ist auch das Leitwerk des Heron TP doppelt ausgelegt und auch das Fahrwerk wurde fast unverändert übernommen. Die israelischen Streitkräfte haben ihren ersten »Eitan« am 21. Februar 2010 in Dienst gestellt.

Seit Januar 2019 lässt die deutsche Luftwaffe ihre ersten Heron-TP-Crews in achtwöchigen Lehrgängen auf der israelischen Luftwaffenbasis Tel Nof ausbilden. Vorerst (Informationsstand: Dezember 2019) sind für die Jahre 2019 bis 2022 jeweils zwei Lehrgänge geplant. Da die Bundeswehr auf absehbare Zeit keine bewaffneten Heron TP einsetzen wird, beschränkt sich diese Ausbildung auf die Aufklärungsrolle – beispielsweise für Einsätze in Afghanistan und Mali.

Der erste Lehrgang für jeweils sechs deutsche »Piloten« und Sensorbediener erfolgte im Frühjahr 2019. Zukünftig geplant ist, dass die Firma ADAS (Airbus Defence & Space Airborne Solutions) bei IAI fünf Heron TP und vier Bodenstationen bestellen und nach deutschen Vorgaben modifizieren lassen wird. Dabei werden die Heron TP nicht gekauft, sondern von IAI im Rahmen eines Dienstleistungsvertrages (einschließlich Wartung und Reparaturen) zur Verfügung gestellt. Die Israelis haben die Kooperation mit der deutschen Luftwaffe »Red Baron« getauft.

Heron TP werden die bisherigen Heron 1 in naher Zukunft schrittweise ablösen. Gemäß einem Beschluss des Haushaltsausschusses des Deutschen Bundestages vom 13. Juni 2018 werden fünf Heron TP gemäß einem bis 2027 laufenden Vertrag bei Israel Aerospace Industries angemietet. Von Airbus gewartet, könnten sie notfalls bewaffnet und als Kampfdrohnen eingesetzt werden.

Heron TP mit deutscher Kennung auf der ILA Berlin Air Show 2018. (© Matti Blume)

Heron 1

Antrieb 1 BRP-Powertrain Rotax 914		**Motorleistung** 86 kw / 115 PS
Geschwindigkeit 110 bis 210 km/h	**Flugzeit nonstop** 27 h	**Flughöhe** 10.000 m
Massen Höchststartmasse: 1150 kg Zuladung: 250 kg	**Abmessungen** Spannweite: 16,60 m Länge: 8,50 m Höhe: 2,30 m	

Heron TP (Eltan)

Antrieb 1 Pratt & Whitney Canada PT6		**Motorleistung** 900 kW / 1200 PS
Geschwindigkeit k.A.	**Flugzeit nonstop** 36 h	**Flughöhe** 12.500 m
Massen Höchststartmasse: 4650 kg Zuladung: 1000 kg	**Abmessungen** Spannweite: 26,00 m Länge: 14,00 m Höhe: k.A.	

KZO-Fluggerät auf der Startvorrichtung. Die Raketenstartplattform ist noch nicht montiert. (© Bundeswehr/Weber)

Start! Das Fluggerät wird mit einem Booster gestartet. Sekunden nach dem Start wird die Raketenstartplattform abgeworfen und der Weiterflug erfolgt mit Propellerantrieb. Während des Fluges wird das Fluggerät von der Bodenkontrollstation gesteuert., wo auch die Videodaten ausgewertet werden. Täglich sind je System acht Flüge möglich. (© Bundeswehr/Vierfuss)

Noch ist die Raketenstartplattform nicht abgeworfen. Die Landung erfolgt nach absolviertem Einsatz mit einem integrierten Fallschirm. (© Bundeswehr/Weber)

In der Bodenstation werden alle aktuellen Informationen unter Nutzung digitaler Karten den entsprechenden geographischen Orten zugewiesen. Alle Informationen können über große Distanz oder in Netzwerken weitergeleitet werden.

Die Datenverbindung zwischen Drohnen und Bodenstation ist mehrfach gesichert und gewährleistet eine hohe Störfestigkeit. Eine Bodenstation besteht aus drei, in einem Container eingerichteten Arbeitsplätzen.

Ein KZO-Gesamtsystem umfasst zwei Züge mit je einem Start-, Antennen-, Instandsetzungs- und Bergefahrzeug sowie je eine Bodenkontrollstation und Betankungsanlage und bis zu zehn Drohnen mit Transport- und Lagerbehältern (TuLb)). Bei dieser hohen Zahl von Lastkraftwagen ist der logistische Aufwand gerade für rasche, auf Lufttransporte angewiesene Auslandseinsätze verhältnismäßig hoch. Am Boden besitzt das KZO-System allerdings hohe Mobilität und ist schnell verlegbar.

Vor jedem Einsatz sind folgende »Flugverbrauchsmaterialien« zu erneuern: Fallschirm, Bergebatterie für die Landung, zwei Airbags mit Druckgasflaschen und Treibstoff. Insgesamt meldete die Bundeswehr bis Juni 2014 insgesamt 18 verlorene Drohnen: 12 durch Absturz zerstört, 6 vermisst.

Seit Juli 2009 von der Bundeswehr im Rahmen des ISAF-Einsatzes in Afghanistan eingesetzt, hat das KZO seine Feuertaufe erfolgreich bestanden.

LUNA

Auch die taktische Drohne des Luftaufklärungs- und Überwachungssystems LUNA wird von der EMT Ingenieurgesellschaft im bayerischen Penzberg gebaut. LUNA steht für »Luftgestützte Unbemannte NahAufklärungsausstattung«.

Gemäß einem im Oktober 1997 geschlossenen Studienvertrag zwischen EMT und dem Bundesamt für Wehrtechnik und Beschaffung entwickelt und gefertigt, erfolgt im März 2000 der erste LUNA-Einsatz im Kosovo. Im August 2002 erhält EMT einen Beschaffungsvertrag über zwölf Bodenstationen und 40 Drohnen und 2003 stellt die Bundeswehr das LUNA-System in Dienst.

Von der Bundeswehr im Kosovo, in Mazedonien und in Afghanistan eingesetzt, hat sich das kostengünstige LUNA-System auch unter ungünstigen Wetterbedingungen und in schwierigem Gelände hervorragend bewährt. Dank weitgehender Automatisierung ist die Bedienung einfach, in wenigen Wochen erlernbar und erfordert keine fliegerischen Vorkenntnisse. Alle Systemkomponenten sind in kleinen Fahrzeugen bzw. mobilen Containern transportierbar (auch mit Transporthubschraubern) und können von wenigen Personen einsatzbereit gemacht werden.

Als leichter Hochleistungs-Motorsegler konstruiert und aus Glasfaser-Verbundwerkstoffen gebaut, erreicht die Drohne lange Flugzeiten. Sie fliegt geräuscharm, hat geringe IR- und Radarsignaturen und ist folglich vom Gegner kaum zu entdecken. Eine Besonderheit der Drohne ist ihre Fähigkeit zu antriebslosen Gleitflügen und zum Wiederanlassen des Motors im Fluge. Gewonnene Aufklärungsinformationen sendet die Drohne in Echtzeit über eine Mikrowellen-Richtfunkverbindung zur Bodenstation.

Die Drohne fliegt vollautomatisch über 3D-Wegpunkte oder ferngesteuert, dennoch kann ihr Flugprogramm während des Fluges korrigiert werden. Gestützt auf digitale 3D-Landkarten, wird ihr Kurs ständig durch ein autonomes Gelände- und Hindernis-Kollisionswarnsystem überwacht.

Auf Grund ihrer Segelflugeigenschaften sowie eines Fallschirm-Auslöse- und Landesystems ist ihre Absturzsicherheit sehr hoch.

Bedeutsam ist, dass LUNA bei Aufklärungs- und Überwachungsmissionen nicht auf elektro-optische Kamerasysteme beschränkt ist, sondern dank dem modularen Nutzlastkonzept jederzeit mit den modernsten Nutzlastkomponenten nachgerüstet werden kann – beispielsweise Bodenradar mit Seitensicht-Betriebsart, hochauflösenden Foto- oder Videokameras, Funkrelais, meteorologische Geräte,

LUNA		
Antrieb Zweizylinder-Zweitaktmotor Hirth 4102	**Flugzeit** 6 h (abhängig von Nutzlast und Einsatzprofil)	**Flughöhe** 4000 m
Typische Aufklärungsgeschwindigkeit 70 km/h	**Reichweite** 100+ km	**Aufklärungsreichweite** 100+ km
Massen Höchststartmasse: 40 kg Zuladung: k.A.	**Abmessungen** Spannweite: 4,17 m Länge: 2,36 m Höhe: 0,87 m	

LUNA NG/B		
Antrieb Wankelmotor Cubewano Reno42	**Flugzeit** 12 h (abhängig von Nutzlast und Einsatzprofil)	**Flughöhe** 5000+ m
Typische Aufklärungsgeschwindigkeit 90 km/h	**Reichweite** 150 km	**Aufklärungsreichweite** 150 km
Massen Höchststartmasse: 110 kg Zuladung: k.A.	**Abmessungen** Spannweite: 5,30 m Länge: 3,00 m Höhe: 1,10 m	

Laser-Zielbeleuchter, Geräte zur Elektronische Kampfführung bis hin zu Sensoren für radioaktive Kontamination.

Die Drohne ist pistenunabhängig. Ihr Start erfolgt mittels leichtem, geräuschlosen funktionierenden, zum Transport zusammenlegbaren Seilfederkatapult. Die Landung geschieht in einem Netz mit autonomem Landeanflug via Differential-GPS oder – ebenfalls autonom – per Fallschirm.

Der modulare Aufbau der Bodenstation erlaubt ihre Integration in mehrere Fahrzeuge und Container. Ihre Arbeitsplätze sind mit hochauflösenden Farbbildschirmen für Bildauswertung in Echtzeit, Einsatzplanung und Überwachung der Drohnen ausgestattet sind. Zur Einsatzplanung können digitale Karten oder hochauflösende Luft- und Satellitenbilder genutzt werden. Zur Nachflugauswertung, Simulation und Schulung ermöglichen die Bodenstationen das wiederholte Abspielen kompletter Einsatzflüge.

Avionik, Autopilot und Fluggeräte-Systemmanagement sind voll digitalisiert. Das Sensormodul verfügt über Lagekreisel, Drehsensoren, Magnet kompass, Luftwertesensoren und Beschleunigungsmesser.

Als Aufklärungssensoren dienen eine Farbvideo CCD-Kamera für die Sicht des »Piloten«, eine 3-Achsen stabilisierte schwenkbare modulare Sensorplattform als Standardplattform: Vier abwärts blickende Farbvideo-Kameras. Die Standardplattform kann mit optionalen Sensoren ausgerüstet werden; beispielsweise Wärmebild-Videokamera (IR mittlerer Wellenlänge), Nahe-IR Video (Zoom) CCD Kameras, Monitorkamera für Tragflächenvereisung. Die Datenverbindung umfasst eine Duplex-Mikrowellenverbindung (C-Band), Richtantennen in Drohne und Bodenstation. Uplink für Steuerbefehle zur Kurskorrektur, Downlink für Übertragung von Videosignalen und Systemdaten in Echtzeit. Abhängig von der direkten Sichtlinie (Line of Sight) hat die Datenverbindung mehr als 100 km Reichweite.

Wie bekannt wurde, verlor die Bundeswehr bis Juni 2014 insgesamt 58 LUNA: 47 wurden zerstört (24 durch Absturz) und elf gelten als vermisst.

Seit Mai 2016 sind LUNA-Aufklärungsdrohnen im Rahmen der UN-Mission MINUSMA auch in Mali stationiert.
(© Bundeswehr/PAO MINUSMA)

90 90

Linke Seite:
LUNA im Flug.
(© Bundeswehr/Bienert)

Afghanistan. LUNA sicher im Fangnetz »gelandet«.
(© Bundeswehr/Bienert)

Dennoch hat sich LUNA bei mehr als 10.000 Einsatzflügen – Sommer und Winter, Tag und Nacht – bewährt.

Neben der Bundeswehr wird das LUNA-System auch von Pakistan eingesetzt, um schwer zugängliche Gebiete im Nordwesten des Landes zu überwachen.

Aufbauend auf modernsten technische Neuerungen entwickelt EMT seit 2010 das leistungsgesteigerte Aufklärungssystem der nächsten Generation ein: LUNA NG/B (Hinweis des Autors: »B« steht für »Bundeswehr«). LUNA NG/B wird Schritt für die Schritt die bisherigen Kleinfluggeräte Zielortung ablösen. Ein System LUNA NG/B umfasst fünf unbemannte Luftfahrzeuge mit elektro-optischer und Infrarot Sensorik, zwei Bodenkontrollstationen und die dazu gehörigen Kommunikationsmittel in geschützten Funktionscontainern, zwei Telemetrie-Antennen auf Anhängern, eine in einem geschützten Container integrierte Werkstattausstattung sowie ein Ersatzteilpaket. In der Standardkonfiguration eines Systems gehören je zwei Start- und Landevorrichtungen.

LUNA NG/B wird in der Grundkonfiguration per Katapult gestartet. Die Landung erfolgt am Fallschirm oder in einem Fangnetz. Als diese Zeilen geschrieben wurden, testete EMT noch ein Senkrechtstart-System für LUNA NG/B.

LUNA wird mit einem Seilfederkatapult gestartet, das für den einfachen Transport einklappbar ist. (© Bundeswehr/ Marc Tessensohn)

MIKADO

MIKADO steht für »Mikroaufklärungsdrohne für den Ortsbereich«. Gemäß dem modernsten Stand der Miniaturisierungstechnik wurde dieses Mikroaufklärungssystem von der Firma AirRobot als AR 100-B entwickelt. Von der Bundeswehr als MIKADO beschafft, gilt das leichte und robuste »kleine Auge des Heeres« als vielseitig verwendbares Werkzeug zur Bewältigung der aktuellen Anforderungen an ein modernes Aufklärungssystem.

Das Fluggerät ist als Quadrocopter konstruiert und wird von vier bürsten- und getriebelosen Elektromotoren angetrieben. Es startet und landet senkrecht und wird im urbanen Umfeld – und sogar in Gebäuden und Höhlen – kamerabestückt eingesetzt, um Personen, Personengruppen, Waffen, Sperren, Fahrzeuge/Plattformen und sonstige Objekte zu orten und zu identifizieren. In unübersichtlichem Gelände kann der kleine, ferngesteuerte Hubschrauber Patrouillenführer in unübersichtlichen Situationen rechtzeitig vor lebensbedrohenden Überraschungen warnen und sog. Duellsituationen vermeiden helfen.

MIKADO liefert aus dem Ortsbereich im Umkreis von rund 500 m in Echtzeit ein aktuelles Lagebild und bietet die Möglichkeit, unverzüglich auf auftauchende Bedrohungen zu reagieren, eigene und verbündete Soldaten zu schützen und einen Gegner präzise zu bekämpfen. Die Aufklärung erfolgt durch den Einsatz von schnell austauschbaren, um 90 Grad schwenkbare Sensoriken (Tageslichtkamera, Color-Duo-Optik bzw. Dämmerungssensor), deren Bilder per stör- und täuschresistenter Funkübertragung an eine Bodenkontrollstation gesendet und dort ausgewertet werden. Außerdem verfügt MIKADO über eine Schnittstelle zum Auslesen von Video- und Audiodaten. In weniger als fünf Minuten startbereit, kann die Truppe mit MIKADOs Hilfe Bedrohungen rechtzeitig und präzise erkennen.

Von nur einem Soldaten bedient, ist die Drohne in kürzester Zeit einsatzbereit und dank ihren geräuscharmen Elektromotoren vom Gegner kaum zu orten. Die Flugsteuerung erfolgt mittels PC oder Videobrille. Im Schwebeflug kann die Drohne autonom GPS-gestützt oder vom Bediener ferngesteuert am Ort gehalten werden.

Ende 2006 konnte die Bundeswehr ihre ersten MIKADO-Systeme in Dienst stellen. Von AirRobot primär für europäische Verhältnisse geschaffen, mussten die deutschen Soldaten in Afghanistan aber erkennen, dass das System unter den dortigen Einsatzbedingungen – Hitze, Staub, Windböen – den Anforderungen nicht genügte. Die Konsequenz war, MIKADO der zweiten und dritten Produktionsserie in wüstenähnlichem Klima zu testen. Die Wahl für diese Einsatzprüfung fiel auf Woomera in Australiens Outback. In der dort herrschenden Gluthitze konnten Anfang 2010 alle Mängel erkannt und behoben und MIKADOs generelle Einsatzbereitschaft für die aktuellen Einsatzszenarien der Bundeswehr festgestellt werden.

Bei den Funktionalitäten ist bemerkenswert: automatische Lage- und Höhenregelung, automatische Richtungshaltung und Positionierung (GPS oder OPS), automatische Landung bei geringer Akku-Leistung, GPS-Wegpunkt-Navigation (wahlweise), automatische Heimkehr und automatische Landung bei Verlust der Funkverbindung, automatische Rückkehrfunktion, Einrichtung eines vorgegebenen Funkraums (virtueller »GPS-Käfig«). Erhält die Drohne keine Kommandos, behält sie ihre Höhe und Richtung bei, unter GPS-Bedingungen auch ihre Position.

MIKADO

Antrieb Vier Elektromotoren	**Motorleistung** k.A.	**Flughöhe** 30 bis 1000 m
Geschwindigkeit 12 m/s	**Windlast-Limit** 8 m/s	**Flugzeit** 20 min
Massen Höchststartmasse: 1,3 kg Zuladung: 0,2 kg	**Abmessungen** Durchmesser: 1,00 m Höhe: 0,24 m	**Reichweite** 500 m mit analogem Videosignal, 1000 m mit digitalem Videosignal

MIKADO-Quadrocopter mit Elektroantrieb zur Aufklärung bei Tag und Nacht. (© Bundeswehr/ Steve Back)

Detailaufnahme der Bugsektion mit Fahrwerk und dem nach Stealth-Eigenschaften optimierten Lufteinlauf. (© Dassault Aviation – Véronique Almansa)

Bei Ende 2018/Anfang 2019 erneut in Istres durchgeführten Tests ging es primär um die Vermessung der Radarrückstrahlfläche und der IR-Signatur, wobei die Neuron gegen diverse luft- und bodengestützte Radars sowie Lenkwaffensensoren fliegen musste. An diesen Tests beteiligt waren auch zwei spanische Eurofighter, die mit ihren Sensoren die Neuron erneut ins Visier nahmen.

Das Ziel dieser neuerlichen Tests war, die Entdeckbarkeit einer Stealth-Drohne mit der Vielzahl der im Eurofighter verfügbaren Sensoren zu bewerten: Radar, IRST (IR Search & Track) und Suchköpfe der IRIS-T-Lenkwaffe. Gestützt auf diese exakt definierten Szenarien ist es möglich, sowohl die Leistungsfähigkeit der Eurofighter-Systeme als auch die sehr niedrigen Radar- und IR-Signaturen zu bewerten.

Als diese Zeilen im Dezember 2019 geschrieben wurden, verlief das Projekt laut Dassault Aviation zur äußersten Zufriedenheit.

Neuron im Flug – Die Zukunft hat ohne Zweifel begonnen! (© Dassault Aviation – G. Gosset)

Zwei Generationen von Kampfflugzeugen: Neuron eskortiert von einer Rafale. (© Dassault Aviation – A. Pecchi)

Längst gehören unbemannte Luftfahrzeuge zu allen militärischen Bereichen. Hier überfliegt die französische Neuron (nEUROn) den Flugzeugträger *Charles de Gaulle*. (© Dassault Aviation – G. Gosset)

Tracker 120/DRAC

Tracker – in Frankreich als DRAC (Drone de Reconnaissance Au Contact) in Dienst gestellt – ist ein unbemanntes Nahaufklärungssystem, das von Cassidian in Zusammenarbeit mit SurveyCopter entwickelt wurde. SurveyCopter ist ein französisches, 1996 gegründetes Rüstungsunternehmen und gilt unter anderem als Spezialist für Entwicklung und Fertigung von Minidrohnen und unbemannten taktischen Aufklärungssystemen, Hightech-Geräten und Datenübertragungssystemen für Aufklärung und Überwachung. 2011 zunächst von Cassidian »geschluckt«, gehört SurveyCopter inzwischen zu Europas größtem Luft- und Raumfahrtkonzern: Airbus SE.

Die Kooperation Cassidian – SurveyCopter begann im Jahr 2003 mit der Konstruktion, Entwicklung und Fertigung des Systems Tracker/DRAC. Mit Tracker/DRAC werden die Nachrichtengewinnungs- und Aufklärungsfähigkeiten der an vorderster Front eingesetzten Truppen entscheidend verbessert. Zum System Tracker/DRAC liefert SurveyCopter das Fluggerät und die Kameras (elektro-optisch und IR). Die Bodenstation sowie einen störfesten Datenlink zur Hochgeschwindigkeitsübertragung von Echtzeit-Daten bei Tag und Nacht und unter widrigen Wetterverhältnissen (Temperaturen von Null bis +50 Grad Celsius) entwickelte Cassidian.

Ein Tracker/DRAC-System besteht aus zwei mit Nutzlasten bestückten Fluggeräten sowie einer Multifunktions-Bodenstation (Flugkontrolle und Sensoranzeige) und einer sich automatisch ausrichtenden Zielverfolgungsantenne. In zwei Rucksäcken verstaut, ist ein komplettes System leicht zu transportieren, in jedem Gelände einsetzbar und in rund zehn Minuten montiert bzw. demontiert. Die Fluggeräte werden handgestartet.

Das Fluggerät zählt zu den leistungsfähigsten weltweit und so verwunderte es nicht, dass Tracker/DRAC nach der industriellen Zulassung 2007 im April 2011 als einziges Mini-Drohnensystem auch die Lufttüchtigkeitsbescheinigung der anspruchsvollen französischen Luftfahrtbehörden erhielt.

Nach der Auslieferung von 25 DRAC-Systemen an die französische Beschaffungsbehörde (DGA), wurden im Juni 2008 die ersten Bedienerschulungen beendet und damit der Weg für den Einsatz des Systems beim französischen Heer frei. Im Juni 2008 erteilte die DGA einen Folgeauftrag über 35 zusätzliche, zum Jahreswechsel 2009 ausgelieferte Systeme. Darüber hinaus wurden einige Tracker/DRAC-Systeme an Exportkunden ausgeliefert; unter anderem 18 Systeme an das österreichische Bundesheer.

Seit Oktober 2010 werden DRAC von den französischen Truppen in Afghanistan eingesetzt. Bis 2016 hatten die französischen Streitkräfte bereits insgesamt 255 komplette DRAC-Systeme übernommen.

Charakteristisch für die robuste Konstruktion der Drohne sind ihr Doppelleitwerk sowie die zwischen den Motoren auf dem Flügel angeordnete Nutzlastbehälter.

Tracker/DRAC im Flug. (© Cassidian)

Tracker 120/DRAC

Antrieb 2 Elektromotoren	**Motorleistung** k.A.	**Dienstgipfelhöhe** 2500 m
Höchstgeschwindigkeit 52 km/h	**Einsatzflughöhe** 300 m	**Einsatzflugdauer** 90 min
Massen Höchststartmasse: 8,7 kg Nutzlast: 1,1 kg	**Abmessungen** Spannweite: 3,30 m Länge: 1,54 m	**Reichweite** 25 km

GROSSBRITANNIEN

HERTI & Fury

BAE Systems in seiner heutigen Form entstand 1999 durch Fusion von British Aeospace und Marconi Electronic Systems. Durch Übernahme mehrerer Tochtergesellschaft von Boeing und Lockheed Martin noch »militärlastiger« geworden, war BAE Systems als multinationaler Rüstungs-, Informationssicherheits- und Luftfahrtkonzern 2018 nach Umsatz der drittgrößte Rüstungskonzern der Welt. Sitz des Unternehmens ist London. Rund um den Globus beschäftigt BAE Systems rund 80.000 Menschen und betreut Kunden in mehr als 100 Staaten. Es kann nicht verwundern, dass ein Global Player wie BAE Systems frühzeitig die Bedeutung und das weltweite Interesse an unbemannten Fluggeräten für Angriff und Aufklärung, aber auch für zivile Aufgaben erkannte.

Zu BAE Systems' erfolgreichen unbemannten Fluggeräten zählt die Aufklärungsdrohne HERTI (High Endurance Rapid Technology Insertion). Rein technisch betrachtet, basiert dieses MALE-System auf einem in Polen entwickelten Motorsegler mit V-Leitwerk. Modifiziert mit spezieller Avionik für den unbemannten Flug und ausgerüstet mit Videokameras, glückte der Jungfernflug des ersten Prototyps HERTI-1D im Dezember 2004. Auch Tests in Afghanistan verliefen so erfolgreich, dass HERTI seit 2007 von den Streitkräften mehrerer Staaten beschafft wurde.

War der erste Prototyp noch mit einem Strahltriebwerk ausgestattet, so entschied man sich bei der HERTI -1A für einen BMW-Kolbenmotor mit Druck-Luftschraube. Dank diesem Kolbenmotor bietet die 1A – verglichen mit ihrer Vorgängerin – längere Einsatzdauer und eine größere Nutzlastkapazität. Aber die 1A sollte über den Status eines Versuchsmusters nicht hinausgelangen und wurde eingestellt.

Es folgt die HERTI-1B. Ausgerüstet mit verbesserter Avionik, hochauflösendem Bodenradar mit Seitensicht-Betriebsart und modernen Tageslicht- und Wärmebildkameras, ist sie ein typischer Bildaufklärer. Ihre elektro-optischen Sensoren wandeln Lichtstrahlen in Echtzeit in elektronische Signale und Videos. Die Nutzlastbaugruppen können gemäß den militärischen Anforderungen leicht aus- bzw. eingebaut werden.

Seit 2006 war bekannt, dass BAE Systems einen bewaffneten HERTI-Aufklärer entwickelte und schon zwei Jahre später präsentierten die Briten auf der Internationalen Luftfahrtschau in Farnborough

HERTI, Farnborough Air Show, 2006.
(© ThebetterRob)

HERTI		
Antrieb Vierzylinder Rotax-Motor		**Motorleistung** 86 kW / 115 PS
Marschgeschwindigkeit 231 km/h	**Dienstgipfelhöhe** 6100 m	**Flugdauer** 20 min
Massen Höchststartmasse: 650 kg Leermasse: 450 kg Zuladung: 150 kg	**Abmessungen** Spannweite: 12,00 m Höhe: k.A.	Länge: 5,00 m

die Fury. Sie dient nicht nur als Aufklärer, sondern ist – bewaffnet mit leichten Lenkflugkörpern – auch zur Luftnahunterstützung geeignet. Da die Flugkörper an den Flügelunterseiten mitgeführt werden müssen, erhielt Fury nicht nur ein neues Flugsteuersystem, sondern musste auch mit Software für Kampfführungs- und Waffenstatusdaten nachgerüstet werden.

Alle HERTI-Versionen können von unbefestigten Pisten eingesetzt werden und sind allwettertauglich. Im Einsatz kann HERTI vollautomatisch oder aus der Bodenkontrollstation manuell »geflogen« werden. Eine rumpfinstallierte optische Kamera liefert Bilder höchster Qualität. Gemäß vorprogrammierten Charakteristika wählt die Bordsoftware selbständig zwischen Farb- und Schwarzweißbildern und übermittelt der Bodenkontrollstation nur die relevanten Daten über eine satellitengestützte Datenverbindung. Wird die Kommunikation zwischen Bodenkontrollstation und Drohne unterbrochen, gewährleistet ein automatisches Start- und Bergungssystem die sichere Landung.

HERTI ist aus Sicht von BAE Systems nicht nur für Militärs interessant, sondern auch für zivile Aufgaben wie die Überwachung des Ärmelkanals geeignet.

Fury, Farnborough Air Show, 2008. Man beachte die an den Flügeln angebrachten Waffenstationen. (© MilborneOne)

Taranis

Benannt nach dem keltischen Gott des Himmels, des Wetters und des Donners, wurde Taranis als Technologieträger für unbemannte strategische Kampfjets mit interkontinentaler Reichweite entwickelt. War das britische Verteidigungsministerium vor wenigen Jahren noch an europäischen Gemeinschaftsprojekten interessiert, so steht Taranis inzwischen in Konkurrenz zu Projekten wie Neuron (nEUROn). London plant, mit diesem rein britischen Projekt Kosten bei konventionellen Kampfflugzeugen zu sparen und gleichzeitig die heimische Luftfahrtindustrie für den zukunftsträchtigen Markt unbemannter Fluggeräte der nächsten Generation fit zu machen.

In dem eigens für Taranis gebildeten Industriekonsortium (begründet im Dezember 2006) fungiert BAE Systems Military Air & Information als Generalunternehmer. Weitere Mitglieder sind GE Aviation Systems, Rolls-Royce, QinetiQ und die militärischen und wissenschaftlich-technischen Spezialisten des britischen Verteidigungsministeriums für unbemannte Fluggeräte. BAE ist verantwortlich für Umsetzung der Stealth-Technologie, die Inte-

Offizielle öffentliche Präsentation (Roll out) am 12. Juli 2010.
(© BAE Systems)

Taranis		
Triebwerk 1 Rolls-Royce Adour Turbofan	**Triebwerk-Schubleistung** ca. 44 kN	**Dienstgipfelhöhe** k.A.
Höchstgeschwindigkeit ca. Mach 1	**Einsatzradius** k.A.	**Einsatzflugdauer** k.A.
Massen Höchststartmasse: ca. 8000 kg	**Abmessungen** Spannweite: ca. 10,00 m Höhe: 4,00 m Länge: 12,43 m	

Taranis im Einsatz. So sieht BAE Systems die zukünftige Verwendung der Taranis als unbemannter strategischer (interkontinentaler) Kampfjet.
(© BAE Systems)

gration der Systemkomponenten sowie die Infrastruktur der Flugkontroll- und C4I-Systeme (Command, Control, Communications, Computers and Intelligence = Führung, Kontrolle, Kommunikation, Computer und Aufklärung), Rolls-Royce liefert das hochmoderne Strahltriebwerk (Rolls-Royce/Turboméca Adour 951), QinetiQ die zu eigenständigen Entscheidungen fähige „Intelligenz" der vollautomatischen, satellitengestützten Flugsteuerung, GE Aviation die Avionik. Neben den Mitgliedern des Konsortiums sind auch zahlreiche kleinere britische Unternehmen mit ihrem Wissen und Bauelementen am Taranis-Projekt beteiligt.

Der zuerst für 2009, dann für 2011 und 2012 genannte Erstflug glückte schließlich am 10. August 2013. Während der Erstflug nur ungefähr 15 Minuten dauerte, blieb Taranis beim zweiten Einsatz am 17. August 2013 rund eine Stunde in der Luft, wobei ihr Flugverhalten in verschiedenen Geschwindigkeitsbereichen und unterschiedlichen Höhen erprobt wurde.

Die während der Konstruktionsphase und durch die Flugerprobung auf der australischen Woomera Test Range gewonnenen Erkenntnisse werden zu Empfehlungen für die Beschaffung von Kampfdrohnen gebündelt. Wie die britische Mischung aus bemannten und unbemannten Kampfjets und unbemannten Langstreckenbombern zukünftig gestaltet werden wird, steht vorerst noch in den Sternen. Als Future Combat Air System wird Taranis erst nach 2030 in Dienst gestellt werden können.

Die in zwei internen Waffenschächten mitgeführte Kampflast wird so vielseitig gestaltet sein, dass Taranis rund um den Globus sowohl Luft- als auch Bodenziele wirksam bekämpfen kann.

Watchkeeper

Die in Paris (Frankreich) ansässige Thales Group zählt zu den führenden Konzernen in den Bereichen Militärtechnik, Luft- und Raumfahrt sowie Sicherheit und Transport. Thales' eigenständige deutsche Tochtergesellschaft »Thales Deutschland« hat ihren Hauptsitz in Ditzingen (Landkreis Ludwigsburg, Baden-Württemberg).

Zum umfangreichen Portfolio der Thales Group gehört auch das unbemannte Gefechtsfeldaufklärungssystem Watchkeeper. Das Fluggerät »Watchkeeper« basiert in wesentlichen Teilen auf der israelischen Hermes 450 (siehe dort) des in Haifa (Israel) ansässigen Unternehmens Elbit Systems.

Lange vor dem Erstflug der neuen Drohne am 16. April 2008 in Megiddo (Israel) zeigte das britische Verteidigungsministerium großes Interesse und erteilte der Thales Group im Juli 2007 einen Beschaffungsauftrag über 54 komplette Systeme im Wert von rund 1,25 Mrd. Euro. Die Auslieferungen an die britischen Streitkräfte sollten ursprünglich Ende 2006 beginnen, verzögerten sich aber immer wieder – teils weil sich angeblich die Zulassung für die zivile Luftfahrt verzögerte, teils wegen technischen Problemen. Ihren britischen Erstflug absolvierte die Watchkeeper zur völligen Zufriedenheit der Briten am 14. April 2010 im walisischen Aberporth. Dennoch konnten die britischen Streitkräfte ihre ersten Watchkeeper erst 2014 in Dienst stellen und erst im September dieses Jahres in Afghanistan für Aufklärung/Überwachung und Zielerkennung einsetzen.

Die Indienststellung der Watchkeeper wurde aber auch durch ganz profane Dinge weiterhin behindert/verzögert. So erzwang häufig schlechtes Wetter in Wales schließlich die Verlagerung der »Piloten«-Ausbildung auf die im Südatlantik gelegene tropische Insel Ascension Island. Bei Trainingsflügen in Wales gingen im Februar und März 2017 und im Juni 2018 mehrere Watchkeeper verloren, sodass die Ausbildungsflüge vier Monate lang völlig eingestellt werden mussten. Ihre uneingeschränkte Einsatzbereitschaft erlangte Watchkeeper folglich leider erst am 30. November 2018

Als Schulterdecker konstruiert, startet, landet und fliegt Watchkeeper vollautomatisch. Im Notfall oder falls es die taktische Lage erfordert, kann der

16. April 2008: Watchkeeper absolviert den Erstflug in Israel.
(© Thales Group)

»Pilot« jederzeit eingreifen und das Fluggerät über eine bordgestützte Kamera manuell dirigieren.

Zwei Sensorsysteme können unter dem Rumpf mitgeführt werden. Die Nutzlast (maximal 150 kg) kann vielfältigen Anforderungen angepasst und erweitert werden. Sie umfasst beispielsweise elektro-optische und IR-Kameras, Bodenradar mit Seitensicht-Betriebsart (Ku-Band), ELINT/COMINT (elektronische Aufklärung, Fernmelde-/Funkaufklärung) sowie ein satellitengestütztes Kommunikationssystem, aber auch Laser-E-Messer und Laser-Zielmarkierer sowie Systeme zur Elektronischen Kampfführung.

Die Avioniksysteme, Bordcomputer und Datenverbindungen sind dual ausgelegt und das Fluggerät besitzt eine Enteisungseinrichtung.

Entwicklung, Fertigung, Montage und Flugerprobung erfolgten im wesentlichen bei Elbit Systems. in Israel. Dies erklärt, warum Watchkeeper zweimal zum Erstflug startete: in Israel und in Großbritannien.

Dank großer Einsatzdauer ermöglicht Watchkeeper weiträumige ISTAR-Missionen (Nachrichtengewinnung, Überwachung, Zielentdeckung, Aufklärung, Feuerleitung (Artillerie) und Wirkungsaufklärung. Alle ausgespähten Informationen werden über Datenverbindungen mit direkter Sichtlinie (Line of Sight) – sofern keine Hindernisse stören – in Echtzeit geliefert, und zwar bei Tag und Nacht und jeder Witterung. Im C4I-Verbund (Command, Control, Communications, Computers and Intelligence = Führung, Kontrolle, Kommunikation, Computer und Aufklärung). vernetzt, können diese Informationen auch an Kampfflugzeuge, Führungsstäbe und Aufklärungssatelliten weitergeleitet werden.

Die Flossen des Seitenleitwerks sind V-förmig angeordnet. Angetrieben wird Watchkeeper von einem Wankelmotor, der nach Ausfall in der Luft auch im Flug wieder gestartet werden kann. Er leistet 38 kW (52 PS) und treibt eine heckmontierte Zweiblatt-Druck-Luftschraube. Das feste Bugrad-Fahrwerk ist robust und erlaubt Starts und Landungen auch von unbefestigten Pisten. Sind die vorhandenen Landeplätze für »normale« Landungen zu klein, kann das Fluggerät mittels Fanghaken und gespannten Seilen nach kurzer Rollstrecke zum Stehen gebracht werden.

Ein Watchkeeper-Gefechtsfeldaufklärungssystem besteht aus zwei Fluggeräten (das zweite dient im Einsatz als fliegende Relaisstation), einer Bodenkontrollstation und einem Startgerät. Es ist äußerst mobil und die Standzeit des Fluggerätes zwischen den Einsätzen kurz.

Bei einer Länge von 6,10 und 10,51 m Spannweite, erreicht das Fluggerät bei einer Höchststartmasse von 450 kg eine Flughöhe von 5500 m, 175 km/h Höchstgeschwindigkeit und eine Einsatzflugdauer von bis zu 20 Stunden.

14. April 2010: Erstflug in Großbritannien.
(© Thales Group)

Illustration eines Einsatzszenarios z.B. über den Bergen Afghanistans.
(© Thales Group)

Sensorikbehälter am Unterrumpf.
(© Thales Group)

ISRAEL

Aerostar

In Israel, rund 25 km südlich von Tel Aviv, liegt Yavne. 1949 gegründet, ist diese Kleinstadt Heimat der Aeronautics Defence Systems. Aeronautics hat auf dem Gebiet der Wehrtechnik einen hervorragenden Ruf – so auch im Bereich Network-Centric Warfare (NCW). NCW ist ein zukunftweisendes, erstmals im Irakkrieg umgesetztes Konzept. Es steht für Vernetzte Operationsführung und soll eine Teilstreitkräfte übergreifende Überlegenheit gewährleisten.

Aeronautics hat frühzeitig die Zeichen der Zeit erkannt und fertigt und vertreibt hochmoderne UAVs. Zu den Produkt-Highlights zählt Aerostar, ein in mehr als 250.000 Flugstunden bewährtes und als Schulterdecker konstruiertes TUAV (Taktisches Unbemanntes Fluggerät). Aeronautics bietet seinen Aerostar-Kunden maßgeschneiderte Ausrüstung, kurze Fertigungszeiten und präzise System-Integration. Der Betrieb des vielseitig verwendbaren Aerostar-Systems ist kostengünstig. Innerhalb kürzester Zeit einsatzbereit, ist die Bedienung einfach.

Mit der Bodenkontrollstation ist Aerostar mit einer fortschrittlichen Mehkanal-Datenverbindung verbunden, und zwar über bord- und bodengestützte Richtantennen. Dank idealem Nutzlast-Masse-Verhältnis sind die Flugleistungen exzellent.

Wahlweise ausgestattet mit elektro-optischen und/oder IR-Kameras, hochauflösendem Bodenradar mit Seitensicht-Betriebsart und anderen hochmodernen Geräten, ortet, sammelt und überträgt dieser unbemannte taktische Aufklärer wichtige Informationen in Echtzeit bis zu einer Reichweite von rund 200 km, was eine hohe Eindringtiefe ermöglicht. Neben Aufklärung umfasst das Einsatzspektrum unter anderem Artilleriefeuerleitung, Gefechtsfeld- und Grenzüberwachung. Mit Hilfe von GPS/TNS-Daten setzt ein »Pilot« aus einer Bodenkontrollstation (auch sie wird von Aeronautics gefertigt) den Kurs. Mit der Bodenkontrollstation ist Aerostar mit einer fortschrittlichen Mehrkanal-Datenverbindung verbunden, und zwar über bord- und bodengestützte Richtantennen. Der Betrieb des vielseitig verwendbaren Aerostar-Systems ist kostengünstig. Innerhalb kürzester Zeit einsatzbereit, ist die Bedienung unkompliziert.

In Israel zunächst von der Polizei und wenig späte von den Streitkräften beschafft, dient Aerostar inzwischen auch der USAF sowie den britischen, niederländischen und polnischen Streitkräften und hat sich auch in Afghanistan bewährt.

Aerostar. Angetrieben von einem Zweitakt-Boxermotor Zanzottera 498i mit Kraftstoffeinspritzung und Druck-Luftschraube, erreicht dieses taktische Fluggerät 203 km/h Höchstgeschwindigkeit. (© Aeronatics Defence Systems)

Aerostar

Antrieb 1 Zanzottera 498i	**Motorleistung** 28 kW / 38 PS	**Dienstgipfelhöhe** max. 5486 m
Höchstgeschwindigkeit 203 km/h	**Marschgeschwindigkeit** 114 km/h	**Steigrate** 304 m/min
Patrouillengeschwindigkeit 111 km/h	**Überziehgeschwindigkeit** 90 km/h	**Reichweite** 200 km
Massen Höchststartmasse: 220 kg Leermasse: 100 kg Nutzlast: 50 kg	**Abmessungen** Spannweite: 7,50 m Spannweite Höhenflosse: 1,60 m Fahrwerk Spurweite: 1,50 m Länge: 4,50 m Höhe: 1,30 m	**Flugdauer** max. 12 h **Startrollstrecke** 300 m

BirdEye 400 – 650 – 650D

Als staatseigene Unternehmen 1953 gegründet, ist Israel Aerospace Industries (IAI) primär im Flugzeugbau tätig und widmet sich verstärkt der Konstruktion und Fertigung militärischer unbemannter Luftfahrzeuge. Als fortschrittlichsten – und kostengünstigsten – unbemannten Flugsystemen gehören BirdEye 400 und die weiter entwickelten und stetig verbesserten BirdEye 650 und 650D.

Ausgestattet mit elektro-optischen und IR-Kamerasystemen liefern diese Mini-Drohnen in Echtzeit hochauflösendes Bildmaterial aus dem Nächstbereich. Sie erlauben den unmittelbar am Gegner operierenden Truppen den Blick hinter den nächsten Häuserblock oder Hügel und liefern ihnen aktuelle Lagebilder (auch zur Wirkungsaufklärung nach Bombenangriff oder Artilleriebeschuss), ohne erst bei übergeordneten rückwärtigen Dienststellen nachfragen zu müssen.

Damit die unter dem Rumpf montierten Sensoren bei der Landung unbeschädigt bleiben, öffnet sich in der Landephase ein im Vorderrumpf angeordneter Fallschirm, sodass sich die BirdEye-Drohnen während der Landephase auf den Rücken drehen und sicher zu Boden schweben.

Von zwei Personen in Rucksäcken transportiert, kann BirdEye in wenigen Minuten montiert und startklar gemacht werden. BirdEye 400 wird von Hand oder per Bungee-Seil gestartet, während BirdEye 650/650D per Bungee-Seil oder von einem Mini-Katapult in die Luft geschleudert werden.

Das BirdEye-System umfasst bis zu drei Drohnen, eine tragbare Bodenkontrollstation sowie eine satellitengestützte Datenverbindung. Die Kommunikation zwischen Drohnen und Kontrollstation erfolgt über eine sichere Sichtlinienverbindung.

Dank dem automatischen Flugkontrollsystem startet und landet die Drohne autonom bei Tag und Nacht und jedem Wetter. Die Führung geschieht vollautomatisch auf vorprogrammierten Flugprofilen oder manuell durch den »Piloten«. Wird die Verbindung zwischen Drohne und Bodenkontrollstation unterbrochen, landet BirdEye automatisch.

Jüngstes Mitglied der BirdEye-Familie ist BirdEye 650D. Anfang Juli 2014 der Öffentlichkeit präsentiert, ist sie größer und sehr viel leistungsfähiger als ihre jüngeren »Schwestern«. Der Antrieb aller Modelle erfolgt durch einen geräuschlosen Elektromotor, über dessen Leistung IAI keine Angaben macht.

BirdEye 400: Start per Gummiseil. (© Israel Aerospace Industries)

BirdEye 650 und 650D werden per Katapult gestartet. (© Israel Aerospace Industries)

BirdEye 400

Höchstgeschwindigkeit 83 km/h	**Marschgeschwindigkeit** 74 km/h	**Patrouillengeschwindigkeit** k.A.
Reichweite 10 km	**Dienstgipfelhöhe** 304 m	**Flugdauer** 1 h
Massen Höchststartmasse: 5,6 kg Leermasse: 1,2 kg Nutzlast: 1,2 kg	**Abmessungen** Spannweite: 2,20 m Höhe: k.A.	Länge: 0,80 m

BirdEye 600

Höchstgeschwindigkeit 129 km/h	**Marschgeschwindigkeit** k.A.	**Patrouillengeschwindigkeit** 74 km/h
Reichweite 20 km	**Dienstgipfelhöhe** 456 m	**Flugdauer** 4 h
Massen Höchststartmasse: 11 kg Leermasse: k.A. Nutzlast: 1,2 kg	**Abmessungen** Spannweite: 3,00 m Höhe: k.A.	Länge: k.A.

BirdEye 650D

Höchstgeschwindigkeit ca. 150km/h	**Marschgeschwindigkeit** k.A.	**Patrouillengeschwindigkeit** 74 km/h
Reichweite 150 km	**Dienstgipfelhöhe** 456 m	**Flugdauer** 15 h
Massen Höchststartmasse: 30 kg Leermasse: k.A. Nutzlast: 5,5 kg	**Abmessungen** Spannweite: 4,00 m Höhe: k.A.	Länge: k.A.

Watchkeeper (siehe dort) bei den britischen Streitkräften. Wie Hermes 90, operiert auch diese Drohne vollautomatisch, und zwar nicht nur im Flug, sondern auch in den Start-, Lande- und Rollphasen. Im Gegensatz zur Hermes 90, deren Flügelwurzeln im Oberrumpf angeordnet sind, ruht ihre durchgehende Tragfläche auf einem Sockel. Dieser Sockel ist in Höhe des Hauptfahrwerks auf dem Rumpfrücken platziert. Charakteristisch für die Flügel sind die abwärts gewinkelten Flügelspitzen.

Die kardanisch gelagerte Nutzlast (elektro-optische und IR-Kamerasysteme) kann vielfältigen Anforderungen angepasst und erweitert werden und umfasst beispielsweise Seitensicht-/Bodenbildradar, ELINT/COMINT (elektronische Aufklärung, Fernmelde-/Funkaufklärung) und COMJAM (Störmaßnahmen) sowie ein satellitengestütztes Kommunikationssystem (SATCOM). Alle Avioniksysteme sind redundant (zweifach) angeordnet.

Dank ihrer Einsatzdauer bietet Hermes 450 weiträumige ISTAR-Missionen (Nachrichtengewinnung, Überwachung, Zielentdeckung, Aufklärung), Feuerleitung, Wirkungsaufklärung bis hin zur zivilen Verbrechensbekämpfung. Selbstverständlich werden alle Informationen in Echtzeit über Datenverbindungen mit direkter Sichtlinie (Line of Sight) – sofern keine Hindernisse stören – geliefert. Das Hermes-450-System ist äußerst mobil; die Standzeit am Umkehrort kurz.

Bei einer Flugzeit von bis zu 17 Stunden (mit Zusatztanks 20 Stunden) deckt Hermes 450 – sofern keine Hindernisse stören – mit Line-of-Sight-Richtantenne einen Einsatzradius von maximal 250 km ab. Ihre Dienstgipfelhöhe beträgt 5400 m. Ihr Rumpf ist 6,10 m lang, die Spannweite beträgt 10,51 m. Die Höchststartmasse von 450 kg erlaubt maximal 150 kg Nutzlast.

Anfangs von einem Wankelmotor R802 angetrieben, wählte Elbit später den UEL AR80-1010, der nach Ausfall im Flug wieder gestartet werden kann. Dieser Wankelmotor besitzt ein günstiges Gewichts-/Leistungsverhältnis und seine 38 kW (52 PS) treiben eine am Heck angeordnete Zweiblatt-Druck-Luftschraube an.

Mit über 300.000 Einsatzstunden zählt Hermes 450 zu den erfolgreichsten Drohnensystemen .

Hermes 450 mit einer teilweisen, scheinbar provisorischen Tarnlackierung..
(© Elbit Systems Ltd.)

Ranger

Aufbauend auf Entwürfen der Israel Aerospace Industries, entwickelten Oerlikon-Contraves und RUAG Aerospace das Ranger-System für die Schweizer Luftwaffe. Als ADS 95 (Aufklärungsdrohnen-System 95) sind Ranger bis November 2019 von der Schweizer Luftwaffe betrieben worden. Bei der finnischen Luftwaffe sind Ranger noch im Dienst.

Bei der Konstruktion dieses taktischen Drohnensystems, legten die Ingenieure und Techniker besonderen Wert auf Allwetterfähigkeit unter besonderer Berücksichtigung der schwierigen Bedingungen in den schweizerischen Bergen. Um die Ortung durch Feindradar zu erschweren, wurden bei der Fertigung ausschließlich Verbundwerkstoffe verwendet. Auch für zivile Verwendung vorgesehen, erhielt Ranger als erster unbemannter Starrflügler die Zulassung für Flüge im zivilen Luftraum und über bewohnten Gebieten.

Nach umfangreichen Tests und gründlicher Flugerprobung konnte die Schweizer Luftwaffe ihr erstes Ranger-System im Juni 1999 in Dienst stellen; Finnlands Luftwaffe folgte im Oktober 2001.

Die Drohne wurde als Tiefdecker mit Doppelleitwerk entworfen, ist pistenunabhängig, wird von einem Katapult gestartet und landet auf Kufen auch vollautomatisch auf Gras und Schnee oder unbefestigten Pisten – notfalls gleitet sie am Fallschirm zu Boden. Zur Landung ist ein spezieller, bordgestützter Sensor erforderlich, der alle für eine sichere Landung nötigen Daten berechnet.

Ihre Avionik entspricht dem neuesten Stand der Technik und ist völlig redundant ausgelegt. Ranger ist leicht zu bedienen und hat sich als sicher und zuverlässig erwiesen.

Rangers Sensoren (unter anderem eine Vorwärtssicht-Wärmebildgerät FLIR) liefern Bilder und Videos in Echtzeit bei Tag und Nacht über eine satellitengestützte Datenverbindung zur Bodenkontrollstation. Zur Minensuche dient ein Bodenradar. Um Beschädigungen des Kamerasystems bei Start oder Landung zu vermeiden, wird die Sensorenplattform bei Start und Landung in den Rumpf eingezogen.

Ein Zwei-Zylinder, Zweitakt-Motor (31,5 kW/43 PS) wirkt auf eine Zweiblatt-Druck-Luftschraube.

Ranger, Als ADS 95 (Aufklärungsdrohnen-System 95) bis November 2019 im Dienst der Schweizer Luftwaffe. (© Emilfrey)

Ranger der finnischen Luftwaffe auf Startkatapult. (© MKFI)

Ausgefahrene Sensorenplattform einer finnischen Ranger. (© MKFI)

Militärisch erfüllt Ranger ISTAR-Aufgaben, kann Artilleriefeuer leiten, besitzt einen Laser-Zielbeleuchter und ist in der Elektronischen Kampfführung (COMINT, ELINT) ebenso verwendbar wie im Grenz- und Küstenschutz. Zivile Betreiber können Ranger zur Waldbrand-, Flut- oder Vulkanüberwachung nutzen. Ein Ranger-System umfasst drei bis sechs Drohnen, eine Bodenkontroll- und Sende-/Empfangsstation, Startkatapult, zwei Bergefahrzeuge sowie Wartungs- und Ersatzmaterial. Bodenkontrollstation fertigen Israel Aerospace Industries, Oerlikon-Contraves und RUAG Aerospace.

Skylark II. Auch für sie charakteristisch der unter dem Flügel hängende Rumpf und der bleistiftdünne Leitwerkträger. Mit 6,50 m Spannweite ist Skylark II mehr als doppelt so groß wie Skylark I. Bei Einsatzdauer, -radius und -flughöhe sind die Unterschied noch deutlicher: 4 Stunden, 60 km, 1515 m. Die Nutzlast beträgt 9 kg.
(© Elbit Systems)

Skylark II, Nahaufnahme.
(© Natan Flayer)

RUSSLAND

Dozor-600

Russland präsentierte 2009 auf der MAKS 2009 (Internationale Luftfahrtmesse bei Moskau) auch die Dozor-600. Dieser Schulterdecker ist das vorerst größte Mitglied einer Serie kleinerer und mittlerer Aufklärungsdrohnen und wurde ursprünglich unter der Bezeichnung „Dozor-3" geführt.

Die Dozor-600 ist nach ihrem amerikanischen Vorbild, der „Predator", primär als Kampfdrohne der Mittelklasse mit großer Reichweite und langer Einsatzflugdauer konzipiert. Sie kann autonom und manuell eingesetzt werden. Autonom erfolgt die Navigation über rund 250 Wegpunkte mit einer Zielgenauigkeit von 15 bis 30 m. Notfalls kann das Fluggerät mit dem im Vorderrumpf untergebrachten Fallschirm sicher zu Boden gebracht werden. Nach der Landung ist das Fluggerät innerhalb einer Stunden wieder einsatzklar.

In dem am unteren Vorderrumpf kardanisch montierten Sensorikbehälter sind vermutlich elektro-optische, hochauflösende Kameras, FLIR, Laser-E-Messer, Zielsuchradar, SAR und die satellitengestützte Datenbrücke installiert. Bild- und Datenmaterial werden der Bodenkontrollstation in Echtzeit übermittelt.

Unterhalb der Flügelwurzeln (links/rechts neben dem Rumpf) sind Waffenstationen angeordnet. Noch (Ende 2019) ist allerdings unbekannt, welche Bewaffnung für die Dozor-600 vorgesehen sind.

Dozor-600

Antrieb k.A.	**Motorleistung** k.A.	**Bewaffnung** k.A.
Patrouillengeschwindigkeit 120 bis 150 km/h	**Dienstgipfelhöhe** 7100 m	**Einsatzreichweite** 3700 km
Massen Höchststartmasse: 720 kg Nutz-/Kampflast: 120 bis 210 kg Tankkapazität: 240 kg	**Abmessungen** Spannweite: 12,00 m Länge: 7,00 m Höhe: 2,50 m	**Flugzeit** 24 h

Dozor-600. Das Fluggerät hat die Größe eines Sportflugzeuges.
(© Vitaly V. Kuzmin)

Besucher der MAKS 2009 fragten sich, ob es sich bei dem ausgestellten Gerät nur um eine Attrappe oder bereits um ein flugfähiges Luftfahrzeug handelte. Gewissheit brachte erst eine Meldung des russischen Verteidigungsministeriums, wonach im Herbst 2011 zwei Prototypen zur Flugerprobung bereit standen. Dann scheint die Vorbereitungen zum Erliegen gekommen zu sein und erst 2013 erteilte Befehle des russischen Verteidigungsministers sollen die weitere Entwicklung beschleunigt haben. Ob der für 2015 geplante Erstflug erfolgreich absolviert werden konnte, erscheint ungewiss.

3. August 2019. Auf einem Testflugplatz des russischen Verteidigungsministeriums rollt die Ochotnik zu ihrem ersten Start. (Quelle: Video Verteidigungsministerium)

Ochotnik hebt ab! Sie bleibt länger als 20 Minuten in der Luft, überfliegt mehrfach den Flugplatz und steigt auf rund 600 m. (Quelle: Video Verteidigungsministerium)

Ochotnik beim Überflug. Gut zu erkennen die Grundform des Fluggeräts. (Quelle: Video Verteidigungsministerium)

Attrappe der Skat auf der MAKS 2007. (© MiG)

Suchoi Su-57. Noch in der Entwicklungsphase, könnte dieses Stealth-Mehrzweckkampfflugzeug mittelfristig gemeinsam mit der Ochotnik S-70 operieren. (© Vitaly V. Kuzmin)

Altius-U beim Erstflug im August 2019. (© Sputnik/ FligtGlobal)

Im Wesentlichen derselben »Familie« wie Ochotnik und Skat zuzuordnen ist auch die vorläufig Altius-U genannte Aufklärungsdrohne der 5-Tonnen-Klasse. Bei ihrem exakt 32 Minuten dauernden Erstflug Mitte August 2019 erreichte sie 800 m Höhe. Gemäß einem 2011 erteilten Auftrag des russischen Verteidigungsministeriums wurde Altius-U in enger Kooperation von den Flugzeugwerken Sokol und Transza entwickelt und gebaut. Noch ist unbekannt, wo die Altius-U (Kennung 881) ihren Erstflug absolvierte.

Als zweimotorige Langstreckendrohne konzipiert, ist Altius-U für Aufklärungseinsätze in mittleren Flughöhen und eine Einsatzflugdauer von mehr als 24 Stunden ausgelegt.

Vermutlich wird Altius-U zumindest mit optischen und elektronischen Sensoren ausgerüstet und der Bodenkontrollstation Bild- und Datenmaterial aus großer Entfernung in Echtzeit übermitteln sowie satellitengestützt autonom operieren können. Anfang 2020 waren umfassende Technische und Allgemeine Details der Altius-U noch nicht bekannt.

Parallel zur Altius-U soll eine weitere Aufklärungsdrohne in der 1-Tonnen-Klasse in Vorbereitung sein. Ihr vorläufiger Name: Inokhodyets (Wanderer).

Ochotnik

Triebwerk k.A.	**Triebwerkleistung** k.A.	**Reichweite / Einsatzreichweite** 6000 km / k.A.
Geschwindigkeit 1000 km/h	**Dienstgipfelhöhe** 18.000 m	**Einsatzradius** 4000 km
Massen Höchststartmasse: 25.000 kg Nutz-/Kampflast: extern 8000 kg intern 2000 kg	**Abmessungen** Spannweite: 19,00 m Höhe: k.A. Länge: 14,00 m	**Flugzeit** 7 h

Skat

Triebwerk Mantelstromtriebwerk (o. Nachbrenner) RD-5000B	**Triebwerkleistung** 50,4 kN	**Reichweite / Einsatzreichweite** k.A. / 4000 km
Geschwindigkeit 800 km/h	**Dienstgipfelhöhe** 15.000 m	**Einsatzradius** k.A.
Massen Höchststartmasse: 10.000 kg Nutz-/Kampflast: 2000 kg	**Abmessungen** Spannweite: 11,50 m Höhe: 2,70 m Länge: 10,25 m	**Flugzeit** k.A.

Russlands Aufklärer Dozor-100

Ob in der Ostukraine oder in den umkämpften syrischen Regionen, überall »bevölkern« russische Aufklärungsdrohnen den Himmel. Und während sich Russlands Drohnenkonstrukteure bei den großen, für zwanzig und mehr Einsatzflugstunden und sogar bewaffneten unbemannten Luftfahrzeugen mehr oder weniger offensichtlich an westlichen Konkurrenten zu orientieren scheinen, finden sich unter den leichteren und mittleren taktischen Aufklärungsdrohnen in jüngster Zeit zahlreiche eigenständige Modelle. Es sind Drohnen, die in diesem Buch nicht unerwähnt bleiben dürfen und dennoch nur einen sehr begrenzten Blick auf das aktuelle russische unbemannte Aufklärerarsenal erlauben.

»Dozor« steht im Russischen für Wache, Wächter bzw. Patrouille und ist der ideale Name für diese bewährte Aufklärerfamilie.

Dank ihrer großen, an ein Segelflugzeug erinnernde Spannweite verfügt die »Dozor-100« über große ,Reichweite, lange Einsatzflugdauer, optimale Nutzlastkapazität und geringen Treibstoffverbrauch. Lärm- und Wärmesignatur sind gering, die Rumpfgestaltung ist aerodynamisch günstig. Das Leitwerk ist V-förmig konstruiert. Es ist davon auszugehen, dass die Nutzlast neben elektro-optischen und IR-Kameras auch SAR-Radar umfasst.

Dozor-100 ausgestellt auf einer Luftfahrtmesse. (© Allocer)

Dozor-100

Antrieb Zweitakt-Verbrennungsmotor 3W 170TS	**Motorleistung** 19 PS	**Reichweite** 1000 km
Höchstgeschwindigkeit 150 km/h	**Patrouillengeschwindigkeit** 120 km/h	**Dienstgipfelhöhe** 4000 m
Massen Höchststartmasse: k.A. Zuladung: 32 kg (incl. Treibstoff für 1 Flugstunde)	**Abmessungen** Spannweite: 5,40 m Höhe: 1,10 m Länge: 3,00 m	**Flugdauer** 10 h

In dieser Aufnahme ist die Konfiguration gut zu erkennen: Druckpropeller und V-Leitwerk.
(© Vitaly V. Kuzmin)

Eleron-Systeme

Kasan, Hauptstadt der russischen Republik Tatarstan, ist Sitz der Firma ENICS. Gegründet 1988, zählt ENICS zu den führenden Herstellern russischer unbemannter Fluggeräte. Zu ihren bewährtesten Aufklärungs- und Überwachungssystemen gehören die seriengefertigten tragbaren beziehungsweise mobilen Systeme Eleron-3SV und Eleron-10SV.

Während das System Eleron-3SV aus nur einem Fluggerät (T28) und einem modifizierten Laptop besteht, umfasst Eleron-10SV zwei Fluggeräte (T10) und eine Bodenkontrollstation mit zwei Laptop-Arbeitsplätzen. Das komplette System

T28, Eleron-35V

Antrieb Elektromotor	**Motorleistung** k.A.	**Reichweite** funkgesteuert 25 km
Höchstgeschwindigkeit 130 km/h	**Patrouillengeschwindigkeit** 70 km/h	**Dienstgipfelhöhe** 4000 m
Massen Höchststartmasse: 5,3 kg Nutzlast: 1 kg	**Abmessungen** Spannweite: 1,47 m Höhe: 15 cm Länge: 63,5 cm	**Flugdauer** 100 h

T10, Eleron-10SV

Antrieb Elektromotor	**Motorleistung** k.A.	**Reichweite** funkgesteuert 60 km
Höchstgeschwindigkeit 135 km/h	**Patrouillengeschwindigkeit** 75 km/h	**Dienstgipfelhöhe** 4000 m
Massen Höchststartmasse: 15,5 kg Nutzlast: 2 kg	**Abmessungen** Spannweite: 2,20 m Höhe: 38 cm Länge: 88,3 cm	**Flugdauer** 150 h

Aufklärungsdrohne T28 des Systems Eleron-3SV. (© Vitaly V. Kuzmin)

Aufklärungsdrohne T10 des Systems Eleron-10SV. (© Vitaly V. Kuzmin)

Eleron-10SV wird von einem geländegängigen Radfahrzeug transportiert. Seine beiden Fluggeräte können unabhängig voneinander und gleichzeitig operieren und zeichnen sich durch hohe Steigraten aus.

Die Fluggeräte T28 und T10 lassen sich ohne Werkzeuge montieren und werden mittels einem 18 Meter langen, gespanntem Bungee-Seil beziehungsweise von einem pneumatischen Katapult (Abmessungen einsatzbereit: 2,90 x 0,78 x 1,10 m) gestartet, nachdem sie von jeweils zwei Soldaten in maximal zehn beziehungsweise 20 Minuten einsatzklar gemacht wurden.

Angetrieben von einem geräuscharmen Elektromotor (Leistung nicht bekannt), sind die Fluggeräte vom Gegner akustisch und optisch nur schwer zu orten. Sie operieren autonom (GPS beziehungsweise Trägheitsnavigation), können aber auch manuell geführt werden, um beispielsweise Feind objekte zu orten und zu überwachen und/oder zu verfolgen. Allwettertauglich, operieren T28 und T10 bei Temperaturen von -30 bis +40 Grad Celsius. Das gewonnene Bildmaterial (schwarz-weiß und/oder farbig) wird den Bodenkontrollstationen in Echtzeit übermittelt.

Abhängig vom Einsatzauftrag können die modular konzipierten Nutzlastbaugruppen (Kameras, Video) leicht vielfältigen Anforderungen angepasst und schnell aus- bzw. eingebaut werden.

Nach beendetem Einsatz kehren T28 und T10 normalerweise automatisch zu ihren Startplätzen zurück und gleiten per Fallschirm sicher zu Boden.

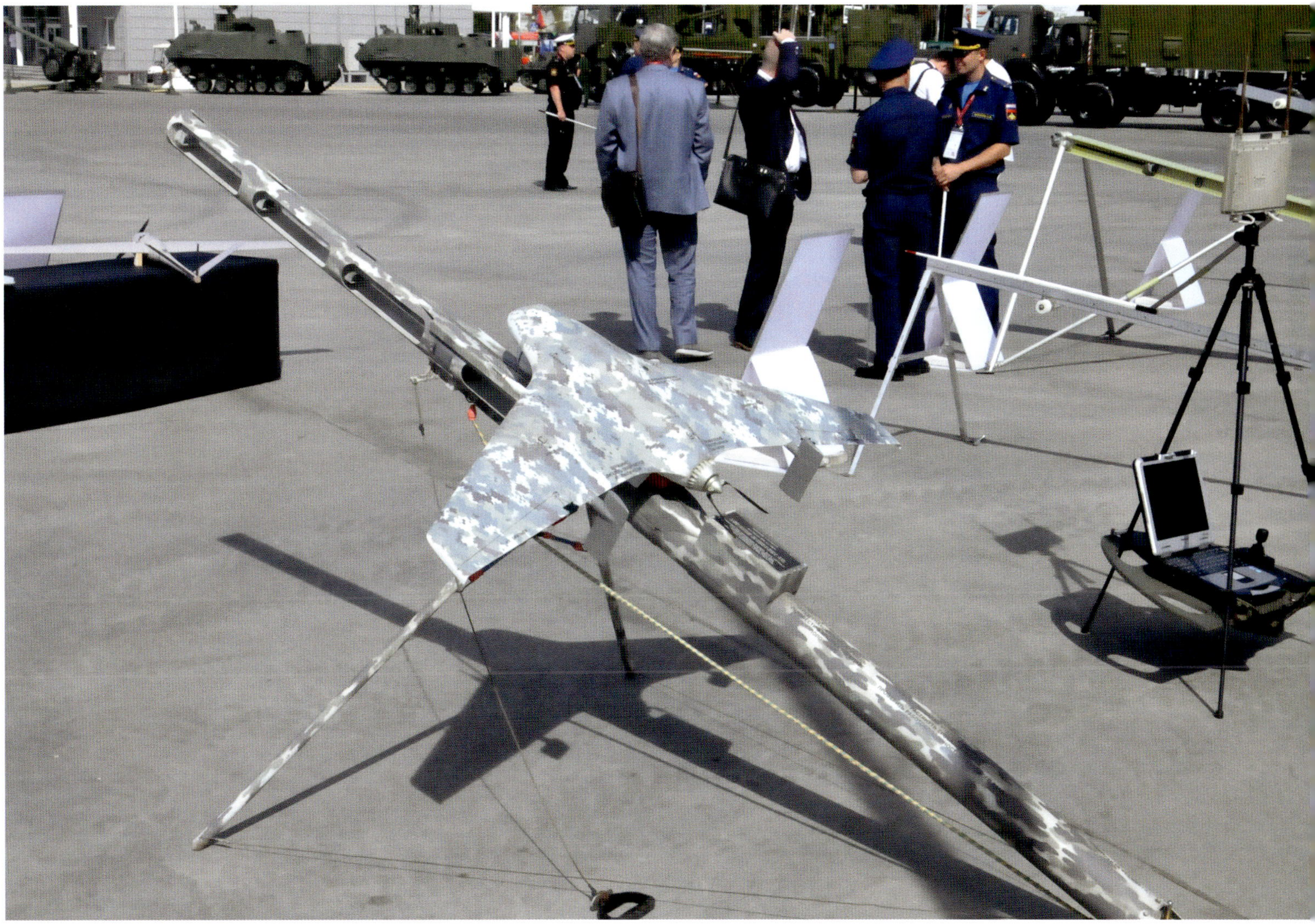

Aufklärungsdrohne T28 des Systems Eleron-3SV auf Startkatapult. (© Vitaly V. Kuzmin)

Orlan-10

Mit der Orlan-10 (deutsch: Adler) betreiben die russischen Streitkräfte eine Aufklärungsdrohne mittlerer Reichweite. Entwickelt im Zentrum für Spezialtechnologien in St. Petersburg und seit 2010 seriengefertigt, haben die russischen Heeresverbände in 2013 und 2014 insgesamt mehr als 300 dieser unbemannten, ferngelenkten Luftfahrzeuge beschafft. Orlan-10 ist klein und gilt allgemein als »Arbeitspferd« der russischen Heeresverbände.

Westliche Dienste sind überzeugt, dass seit 2013 mehr als 1000 Orlan-10 in mindestens elf verschiedenen Varianten seriengefertigt wurden.

In Kamptschatka und auf den Kurielen offiziell primär zur Überwachung und Sicherung der Schifffahrtsstraßen in der Arktis eingesetzt, dienen Orlan-10 nachweislich auch in größerer Zahl russischen Soldaten und/oder Söldnern in den Konflikten in Libyen, Syrien und in der Ukraine. So ist seit Mai 2014 kein Jahr vergangen (bis einschließlich Oktober 2018), in dem ukrainische Militärs nicht den Abschuss russischer Orlan-10 über eigenem Territorium meldeten und in Syrien gab die Freie Syrische Armee bekannt, am 15. Juni 2019 nahe Aleppo eine Orlan-10 abgeschossen zu haben.

Die Orlan-10 ist verhältnismäßig klein. Nach klassischem Schulterdeckerprinzip konstruiert, wird sie von einem buginstallierten Verbrennungsmotor mit Zweiblattpropeller angetrieben. Zum Transport werden die Flügel demontiert und alle Komponenten des Luftfahrzeuges sowie das Startgerät in einer Kiste untergebracht. Von einem Katapult in die Luft geschleudert, gleitet die Orlan-10 nach beendetem Einsatz dank einem im Rumpfrücken untergebrachten Fallschirm sicher zu Boden, wo der Aufprall durch ein Luftkissen (Airbag) gedämpft wird.

Orlan-10 operiert leise, bei jedem Wetter (-30 bis +40 Grad Celsius) und über schwierigem Gelände, wird autonom über Wegpunkte oder ferngelenkt betrieben, wobei ihr »Pilot« auch noch nach dem Start in den autonomen Kurs »eingreifen« und die Einsatzroute ändern kann. Ihre »Nutzlast« ist einem kreiselgestützten Unterrumpfbehälter installiert und umfasst je eine IR- und Videokamera sowie einen Funksender. Über eine digitalen Datenbrücke werden die Aufklärungsbilder in Echtzeit an die Bodenkontrollstation MP32M1 übermittelt. Eine Bodenkontrollstation kann bis zu vier Drohnen betreiben.

Im Einsatz operieren die Drohnen gewöhnlichen in zweier order dreier Gruppen: Eine Orlan-10 dient als Aufklärer, die zweite zur elektronischen Kampfführung und eine dritte als Relaissender zur Übermittlung der gewonnenen Daten an die Bodenkontrollstation. Zur Reduzierung der Radarrückstrahlfläche sind die Drohnen aus Verbundwerkstoffen gefertigt. Eine Orlan-10-System kann bis zu fünf Fluggeräte umfassen.

Angeblich ist geplant, bei den russischen Heeresverbänden ab dem Jahr 2020 leistungsgesteigerte Drohnen als Orlan-30 oder mit der neuen Bezeichnung »Feniks« mit Hybridantrieb in Dienst zu stellen und – wie in Moskau verlautete – mit Laser-Zielzuweisern für lasergelenkte Artilleriegeschosse sowie lasergelenkte Flugkörper und Gleitbomben auszustatten. Untersuchungen der in der Ukraine abgeschossenen Orlan-10 haben erstaunlicherweise enthüllt, dass die Russen bei diesen Drohnen zahlreiche technisch-elektronische Bauteile westlicher Produktion verwenden. Nun bleibt abzuwarten, ob auch die »Neuen« (Orlan-30 bzw. Feniks) ebenso mit westlichen Komponenten ausgestattet sind.

Orlan-10

Antrieb Verbrennungsmotor 1 DWS	**Motorleistung** 1 PS	**Reichweite** 1000 km autonom, 120 km funkgesteuert
Höchstgeschwindigkeit 150 km/h	**Patrouillengeschwindigkeit** 90 km/h	**Dienstgipfelhöhe** 6000 m
Massen Höchststartmasse: 15 kg Zuladung: 5 g	**Abmessungen** Spannweite: 3,10 m Länge: 1,80 m Höhe: k.A.	**Flugdauer** 18 h

geringe Lärmsignatur und eine Einsatzreichweite von bis zu 250 km. Ihre Startrollstrecke beträgt nur 300 m und die Steigrate liegt bei rund 250 m/min. Auch wenn Start und Landung der Seeker 200 autonom erfolgen, können ihre »Piloten« jederzeit manuell das »Steuer übernehmen« Die Luftfahrzeuge sind mit modernster Avionik (ELINT) und integrierten Navigationssystemen, Laser-Entfernungsmesser und -Zielbeleuchter ausgestattet. Jederzeit und leicht installierbar sind SAR, COMINT, SIGINT. Ihre elektro-optischen und Wärmebildkameras liefern Bilder in Echtzeit bei Tag und Nacht über Entfernungen von bis zu 250 km, auch bei extremen Wetterbedingungen. Durch Nutzung einer zweiten Taktischen Bodenkontrollstation (TGS) kann die Reichweite der Drohne bis auf 400 km vergrößert werden. Auf dem neuesten Stand der Technik befinden sich auch die Bodenkontrollstationen, deren Besatzung die Seeker 200 GPS-gestützt über bis zu 16 Wegpunkte dirigieren kann. Die Ausstattung eines Seeker-200-Systems ist fast identisch mit der bewährten Seeker 400. Eine Seeker-200-Drohne hat eine Einsatzflugdauer von bis zu 10 Stunden, wobei sie bis zu sechs Stunden über einem 250 km entferntes Gebiet patrouillieren kann. Bei einer Nutzlast von bis zu 40 kg (einschließ lich Treibstoff) beträgt ihre Dienstgipfelhöhe rund 6000 m. Leider dauern die Einsatzvorbereitungen fast zweieinhalb Stunden.

Angeblich sollen bereits die Streitkräfte von fünf Ländern ihr Interesse an der Seeker 200 bekundet haben.

TÜRKEI

Anka – Aksungur

Bei der Beschaffung moderner Militärtechnik sahen und sehen sich die türkischen Streitkräfte wegen außenpolitischen Verstimmungen häufig in schwierigen Situationen. Um seine Unabhängigkeit von ausländischen (meist westlichen) Unternehmen zu verbessern und die heimische Industrie zu stärken, unterzeichneten das türkische Verteidigungsministerium und der Rüstungskonzern Turkish Aerospace Industries (TAI) am 24. Dezember 2004 einen Vertrag zur Entwicklung, Produktion, Erprobung und Auslieferung eines unbemannten Luftfahrzeuges für die türkischen Luft- und Marinestreitkräfte sowie staatliche Behörden.

Begonnen wurde mit der Aufklärungsvariante Anka (deutsch: Phönix), deren ersten Exemplar am 30. Dezember 2010 beim Jungfernflug vierzehn Minuten in der Luft blieb und knapp ein Jahr später – am 23. November 2011 zu einem sechsstündigen Testflug startete und bis fast 5500 m hoch stieg. Start und Landung erfolgten autonom durch Autopilot. Nach fast dreijähriger stetigen Entwicklung meldete TAI, dass Anka am 7. November 2019 einen fast 26 ½ stündigen Testflug erfolgreich absolviert hatte.

Ankas Struktur besteht größtenteils aus Faserverbundwerkstoffen. Anka wurde als Schulterdecker konstruiert. Ihre Flügel haben eine hohe Streckung und das Leitwerk ist V-förmig konstruiert. Das Fahrwerk ist einziehbar und Enteisungseinrichtungen schützen die Drohne in großen Höhen.

Anka genügt den Bestimmungen und Vorschriften der zivilen Luftfahrtbehörde und darf dank einem Funkgerät zur Kommunikation mit Fluglotsen und anderen Flugzeugen am zivilen Luftverkehr teilnehmen. Anka besitzt ein IFF-System (Freund/Feind-Kennung) und wird über ein redundantes Steuerwerk mit GPS-Empfänger, INS (Trägheitsnavigation) und umfangreicher Sensorik gesteuert. Ihr Motor wirkt auf einen Druckpropeller.

Die Zuladung der Aufklärungsvariante umfasst optische und IR-Kameras, Laser-E-Messer und lasergestützte Zielbeleuchter. Zur Bodenkontrollstation übertragen werden gewonnenen Daten via Breitbanddatenlink.

Anka ist das Fluggerät des TIHA-Systems, das aus drei Ankas sowie einer Bodenkontrollstation, einem automatischen Start- und Landesystem, einer Bildauswertungsstation und einem mobilen Video-Terminal und der üblichen Bodenausrüstung besteht. Gestützt auf die mit Anka gewonnenen Erkenntnisse konstruierte TAI das größere und leistungsstärkere, als Kampf- und Aufklärungsdrohne kon-

Anka auf der Farnborough Airshow 2016. (© Oren Rozen)

zipierte Luftfahrzeug Aksungur (auch als Anka-2 bekannt). Rumpf, Flügel und Fahrwerk wurden neu konstruiert, während zahlreiche Komponenten unverändert von Anka übernommen wurden, wird Aksungur satellitengestützt geführt. Als Antrieb für Aksungur wählte TAI zwei, auf Drei-Blatt-Zugpropeller wirkende Turbodieselmotoren PD170. Nach dem erfolgreichen Erstflug am 20. März 2019 soll unverzüglich mit der Serienfertigung und Truppeneinführung begonnen werden.

Anka

Triebwerk 1 Thielert Centurion 2.0	**Einsatzradius** 200 km	**Dienstgipfelhöhe** ca. 9.000 m
Höchstgeschwindigkeit 204 km/h	**Marschgeschwindigkeit** 139 km/h	**Flugzeit / Flugdauer** max. 24 h / max. 10+ h
Massen Höchststartmasse: 1600 kg Leermasse: 1150 kg Zuladung: 200 kg	**Abmessungen** Spannweite: 17,30 m Länge: 10,00 m Höhe: k.A.	**Bewaffnung** keine

Aksungur (Anka-2)

Triebwerke 2 TEI PDI170	**Einsatzradius** 6.500 km	**Dienstgipfelhöhe** ca. 12.000 m
Höchstgeschwindigkeit 180 km/h	**Marschgeschwindigkeit** k.A.	**Flugzeit** max. 40 h
Massen Höchststartmasse: 3300 kg Leermasse: 1800 kg Zuladung: 750 kg	**Abmessungen** Spannweite: 24,00 m Länge: 12,00 m Höhe: 3,00 m	**Bewaffnung** Lenkflugkörper und -bomben

Aksungur auf de IDEF 2019 in Istanbul (Türkei). Das Fluggerät ist von beträchtlicher Größe mit seinen beiden Triebwerken. (© Cee Gee)

Karayel

Rund 30 km nordwestlich der türkischen Hauptstadt Ankara liegt die Stadt Sincan. Sie ist Heimat für rund eine halbe Million Einwohner und Sitz der Firma VESTEL Defence Industry.

VESTEL, ein Unternehmen der ZORLU Holding, ist zweifellos eines der führenden Unternehmen der türkischen Wehrtechnik und hat sich seit 2005 bei der Entwicklung und Fertigung unbemannter Luftfahrzeuge einen hervorragenden Ruf erworben – und dies nicht nur in Europa.

Jüngstes Produkt ist Karayel (»schwarzer Wind« bzw. »Nordwestwind«). VESTEL betont stolz, dass diese taktische Aufklärungs-, Überwachungs- und Kampfdrohne alle Lufttüchtigkeitsbestimmungen des NATO-Standardisierungsabkommen STANAG-4671 erfüllt und ein Fehlerwarnsystem besitzt, wie es sonst nur in der bemannten Luftfahrt üblich ist. Größtenteils aus Verbundwerkstoffen gefertigt, ist Karayel vor Blitzschlag geschützt und allwettertauglich. Ein Enteisungssystem wird notfalls automatisch aktivisiert. Dank ihrer Nutzlast (elektro-optische Tag- und IR-Kameras, Laser-Entfernungsmesser, Laser-Zielmarkierer) entdeckt und identifiziert die Drohne Karayel nicht nur Feindobjekte, sondern kann auch lasergelenkte Flugkörper und/oder Gleitbomben bis »weit hinter dem Horizont« ins Ziel führen.

Der Motor (Typ unbekannt) treibt einen Zweiblatt-Propeller. Die große Spannweite verleiht der Karayel segelflugzeugähnliche Flugeigenschaften und folglich eine Einsatzflugdauer von rund 20 Stunden.

Karayel kann autonom starten, fliegen und landen, falls nötig aber auch von einem »Piloten« aus der Bodenkontrollstation manuell geführt werden.

Im Jahre 2015 von den türkischen Streitkräften in Dienst gestellt, wurden erste Fotos der Karayel im Mai 2016 bekannt und Videos von »scharfen« Waffeneinsätzen am 16. Juni 2016 erstmals veröffentlicht.

An ihren vier Unterflügel-Waffenstationen kann Karayel Raketen und Gleitbomben mitführen. Unter dem Rumpf der Sensorikbehälter.
(© VESTEL Defence)

Karayel		
Motor k.A.	**Motorleistung** 95 PS	**Einsatzradius** 200 km
Höchstgeschwindigkeit k.A.	**Flugzeit** mit 55 kg Nutzlast 20 h	**Dienstgipfelhöhe** ca. 6.900 m
Massen Höchststartmasse: 500 kg Zuladung: 190 kg	**Abmessungen** Spannweite: 11,50 m Länge: 8,00 m Höhe: k.A.	**Bewaffnung** lasergelenkte Flugkörper und Gleitbomben

Karayel (bewaffnete Version)		
Motor k.A.	**Motorleistung** 97 PS	**Einsatzradius** k.A.
Marschgeschwindigkeit 56 bis 80 km/h	**Flugzeit** 20 h	**Dienstgipfelhöhe** k.A.
Massen Höchststartmasse: 530 kg Zuladung: 120 kg	**Abmessungen** Spannweite: 13,00 m Länge: 6,50 m Höhe: 2,11 m	**Bewaffnung** lasergelenkte Flugkörper und Gleitbomben

Aufklärungs-, Überwachungs- und Kampfdrohne Karayel.
(© VESTEL Defence)

Auf dem VESTel-Firmengelände: Die gemäß NATO STANAG 4586 »gehärtete« Bodenkontrollstation und eine bewaffnete Karayel.
(© VESTEL Defence)

Im Innern der Bodenkontrollstation: Drei Arbeitsplätze.
(© VESTEL Defence)

USA

Auf ihre überragende Luftfahrtindustrie und deren Ingenieure und Wissenschaftler gestützt, beherrschen die Vereinigten Staaten von Amerika – noch – ihre führende Position auf dem Gebiet der unbemannten Luftfahrzeuge. Wie per 1. Januar 2014 bekannt wurde, betrieben die US-Streitkräfte damals weit mehr als zehntausend Aufklärungs- und Kampfdrohnen; exakte Zahlen sind unbekannt.

Bat

Bis zu 15 Stunden in niedrigen und mittleren Höhen operierend, erinnert diese nach dem Nurflügelkonzept konstruierte Drohne an eine fliegende Fledermaus (Bat = Englisch »Fledermaus«) und vermutlich haben ihre Konstrukteure bei der Namensgebung auch an den Comic-Helden Batman (Fledermausmann) gedacht.

Bat, ursprünglich unter dem Namen »KillerBee« (Killerbiene; aggressive afrikanisierte Honigbiene) entwickelt, wurde bis Ende 2007 von Northrop Grumman und Swift Engineering gemeinsam entwickelt und basiert auf Forderungen von US Air Force, US Marine Corps, US Navy und dem US Department of Homeland Security (Heimatschutzministerium) In der Geschichte der unbemannten Fluggeräte ist es vermutlich einzigartig, dass ein Rennwagenbauer wie Swift Engineering, an der Konstruktion eines Drohnensystems beteiligt wird. Der Erstflug glückte im Januar 2010.

Von einem mobilen Schienenstarter in die Luft katapultiert, kann Bat dank ihrer Flugdauer von bis zu 18 Stunden zum Zwecke der Nachrichtengewinnung, Überwachung und Aufklärung über einem großen Gebiet operieren. Nach Beendigung der Mission wird die Drohne durch mobile Bergenetze wieder automatisch »eingefangen« und ist dank ihrer robusten Konstruktion meistens wiederverwendbar. Ein verhältnismäßig großer Ausrüstungsschacht bietet Raum für moderne Sensoren, wie zum Beispiel elektro-optische und IR-Kamerasysteme, SAR/MTI (Bodenradar mit Seitensicht-Betriebsart und Bewegtzielentdeckung bzw. -anzeige), Signal-, Fernmelde- und Funkaufklärung, Laser-E-Messer und -Zielbeleuchter, FmSysteme, chemische und biologische Ortungssysteme sowie Täuschkörperwerfer. Die Aufklärungsergebnisse können über eine satellitengestützte Datenverbindung in Echtzeit an die Bodenkontrollstation gesendet werden.

Am 27. Juni 2005 präsentierte die US Navy eine Auswahl ihrer unbemannten Luftfahrzeuge. (© US Navy; Mate 2nd Class Daniel J. McLain)

KillerBee (Vorläuferin der Bat) im Flug.
(© Northrop Grumman)

Bat startbereit auf dem Schienenstarter.
(© Northrop Grumman)

Bat wird von einem ursprünglich für Kleinstflugzeuge entwickelten Triebwerk der deutschen Göbler-Hirth-Motoren KG mit heckmontierter Fünfblatt-Druck-Luftschraube angetrieben. Kombiniert mit einem starken Permanentmagnetgenerator ergeben die leichten Hirth Flugmotoren ein kompaktes, leistungsfähiges Antriebssystem, das sich auch mit Brennstoffen wir JP5, JP8 oder Diesel betreiben lässt.

Der aerodynamisch günstig gestaltete Rumpf bietet geringen Luftwiderstand und Brennstoffverbrauch, während die Lärmsignatur der Druck-Luftschraube schwach ist und eine Ortung der Drohne durch den Gegner sehr erschwert.

Gefertigt aus Kohlefaser- und glasfaserverstärkte Verbundwerkstoffen, hat sich die Bat-Konstruktion als außerordentlich robust bewährt. Bugmontierte Haken erleichtern die »Landung« in konventionellen Fangnetzen. Das System »Bat« wird von zwei Personen bedient und besteht aus dem Fluggerät, einem mobilen Schienenstarter und der Bodenkontrollstation sowie Rückhohl- und Kommunikationsausrüstung. Zum Transport von Personal und Ausrüstung genügen zwei geländegängige Fahrzeuge.

Bat im Fangnetz.
(© Northrop Grumman)

Bat

Triebwerk 1 Flugmotor Göbler-Hirth	**Höchstgeschwindigkeit** 166 km/h	**Dienstgipfelhöhe** 5200 m
Einsatzflugdauer 18 h	**Massen** Höchststartmasse: 158,76 kg Zuladung: 34 kg	**Abmessungen** Spannweite: 4,30 m Länge: 2,00 m

Bat Dreiseitenansicht.
(© Northrop Grumman)

Blackjack

Das unbemannte Luftfahrzeug Blackjack soll die ScanEagle im Einsatz unterstützen und ist praktisch nichts anderes als eine umbenannte, leistungsgesteigerte Integrator. Gemäß den Forderungen der US Navy modifiziert, startete diese neue Aufklärungsdrohne am 28. Juli 2012 zum Erstflug und bestand im Februar 2013 die Testphase zur See und an Land. Bei der US Navy war man mehr als zufrieden, taufte die ehemalige Integrator auf den Namen Blackjack RQ-21A und erteilte Boeing/Insitu noch am 28. November gleichen Jahres einen Auftrag über 8,8 Millionen Dollar. Im Rahmen dieses Vertrages sollte ein Prototyp gebaut und alle Vorbereitungen für die spätere Serienfertigung getroffen werden.

Bereits im Januar 2014 stand der Prototyp bereit und US Navy und US Marine Corps (USMC) starteten eine mehrmonatige robuste Testphase. Alle Tests verliefen zur vollsten Zufriedenheit und im Dezember gleichen Jahres orderte die US Navy drei Blackjack-Systeme, von denen zwei bis Juli 2015 in Dienst gestellt werden konnten. Auch beim USMC verkündete man im Juli 2018 die Ausmusterung ihrer Shadow RQ-7 zugunsten der Blackjack.

Ausgenommen beim Inceptor-System (siehe dort), ist für Insitus Drohnen charakteristisch, dass sie zum Start in die Luft katapultiert und nach beendetem Einsatz vom Skyhook-System »eingefangen« werden. Allerdings entwickelte Insitu für die Blackjack ein modifiziertes, dem Skyhook ähnliches Bergesystem, das für See– und Landeinsätze geeignete SRS (STUAS Recovery System).

Ihre Existenz verdankt die Blackjack dem Wunsch der US Navy nach einer leistungsgesteigerten, ver besserten Integrator. Äußerlich und auf den ersten Blick entspricht dieser taktische unbemannte Blackjack (Small Tactical Unmanned Air System = STUAS) strukturell der Integrator und nutzt auch für Start und Landung dieselben »Hilfsmittel« für Start und Landung (Katapult, Skyhook). Wie seine Vorgängerin Integrator, liefert Blackjack Bildmaterial höchster Qualität in Echtzeit, verbunden mit langer Einsatzdauer und weiträumiger Überwachung. Wie die Integrator ist auch die neue Blackjack immer noch sehr viel kostengünstiger in Beschaffung und Einsatz als viele ihrer größeren Konkurrenten.

Ein »Blackjack«-System umfasst fünf Luftfahrzeuge und zwei Bodenkontrollstationen. An Land ist ihr Bergesystem Skyhook mobil und kann von Radfahrzeugen transportiert werden. Von der großen Masse der im Einsatz befindlichen kleinen taktischen unbemannten Luftfahrzeugsysteme unterscheidet sich Blackjack durch die Leichtigkeit, mit der dieses System problemlos und schnell mit den unterschiedlichsten Nutzlasten aus- und nachgerüstet werden kann. Die Grundausstattung umfasst INS-stabilisierte elektro-optische Kamerasysteme für Tag- und Nachteinsätze sowie Lang- und Kurzwellenwärmebildkameras, IR-Zielmarkierer und Laser-E-Messer. Für Spezialeinsätze kann die Nutzlast einfach und schnell gegen andere Sensoren ausgetauscht werden. So kann beispielsweise für die Verfolgung/Überwachung von Bewegtzielen ein SAR-Radar und ein Laser-Zielbeleuchter für lasergelenkte Waffen installiert werden.

Vom Katapultstart bis zur Landung fliegt Blackjack autonom GPS-gestützt auf vorprogrammierten Flugprofilen. ist pistenunabhängig und dank Skyhook kann auf Fangnetze verzichtet werden.

Bei landgestützten Einsätzen führt die US Navy die Blackjack unter der Bezeichnung MQ-21, wobei »M« für »mobile, ground launched« steht.

Blackjack		
Triebwerk 1 Kolbenmotor EFI, Druck-Luftschraube	**Motorleistung** 6 kW / 8 PS	**Dienstgipfelhöhe** 5.900 m
Höchstgeschwindigkeit 170 km/h	**Marsch-/Patrouillengeschwindigkeit** 100 km/h	**Reichweite** ca. 100 km
Massen Höchststartmasse: 66 kg Leermasse: 37kg Zuladung: 18 kg	**Abmessungen** Spannweite: 4,90 m Länge: 2,50 m	**Einsatzflugdauer** 24 h

Dragon Eye RQ-14

1971 von dem Physiker, Ingenieur und Segelflieger Paul McCready gegründet, ist die in Kalifornien beheimatete AeroVironment, Inc. (auch als »Avinc« bekannt) nach großen Erfolgen mit Muskel- und Sonnenkraft betriebenen Fluggeräten seit rund drei Jahrzehnten für ihre unbemannten Luftfahrzeuge berühmt.

So entwickelte Avinc gemäß einem Forderungskatalog des US Marine Corps (USMC) die unbemannte Aufklärungsdrohne Dragon Eye. Nach erfolgreichem Erstflug 2000 wurde Dragon Eye als »fliegendes Auge« des US Marine Corps 2003 in Dienst gestellt.

Diese damals kleinste taktische Drohne wird handgestartet oder mittels handelsüblichem Bungee-Seil in die Luft katapultiert. Dragon Eye besteht im Wesentlichen aus glasfaserverstärktem Kunststoff und Kevlar. Sie lässt sich schnell und unproblematisch in fünf Teile zerlegen und zusammen mit dem 5,4 kg schweren Bodenkontrollgerät im Rucksack transportieren. Zwei Personen können Dragon Eye in rund zehn Minuten startklar machen – einer montiert die Drohne, der zweite die Bodenkontrollstation. Das Kontrollgerät besteht aus Gamepad mit Monitor, Laptop, Sender und Videobrille.

Dragon Eye liefert Videobilder im Umkreis von rund 10 km. Angetrieben von zwei in den Flügeln montierten batteriebetriebenen Elektromotoren steigt Dragon Eye auf 90 bis 150 m und erreicht als Höchstgeschwindigkeit 65 km/h. Ihre Flugdauer beträgt 30 bis 60 Minuten.

Dragon Eye navigiert automatisch auf vorprogrammierten Flugprofilen über ein GPS-INS-Wegpunktesystem, wobei das Flugprogramm auch noch nach dem Start geändert werden kann. Geräuscharm und klein, operiert die Drohne vom Gegner unbemerkt und ist das ideale Aufklärungsgerät für die Truppen an vorderster Front. Sie erlaubt den Blick hinter das nächste Gebäude oder den nächsten Hügel. Mit ihrer Hilfe können Straßen überwacht, die Bewegungen gegnerischer Truppen verfolgt und ihre Kampfkraft erkannt werden.

Ihre drei buginstallierten Kameras sind austauschbar: Eine Restlicht-TV-Kamera (Einsätze bei Morgen- oder Abenddämmerung) sowie je eine normale Tageslicht- und IR-Kamera. Im Wesentlichen aus handelsüblichen Komponenten gefertigt, ist Dragon Eye »preiswert« und Verluste leicht zu ersetzen.

Mit den US Marines im Irak eingesetzt, bewährte sich Dragon Eye beim Kampf um Falludscha. Nach Übergriffen gegen amerikanische Soldaten und Sicherheitspersonal wurde das Stadtgebiet durch amerikanische Truppen und Einheiten der neuen irakischen Armee abgeriegelt. Zur Vorbereitung der Rückeroberung (Operation Phantom Fury) im Herbst 2004 flogen Dragon Eye Aufklärung und lieferten detaillierte Informationen über Angriffsziele.

Obwohl Dragon Eye bereits vor Jahren durch das Nachfolgemodell Raven RQ-11 ersetzt wurde, sollen immer noch zahlreiche Drohnen dieses Typs bei der Truppe aktiv sein – beispielsweise immer noch bei den im Irak stationierten US-Streitkräften.

Dragon Eye RQ-14		
Triebwerk 2 batteriebetriebene Elektromotoren	**Motorleistung** k.A.	**Flughöhe** 90 bis 150 m
Höchstgeschwindigkeit 65 km/h	**Marschgeschwindigkeit** k.A.	**Flugdauer** 45 bis 60 min
Massen Höchststartmasse: 2,7 kg Leermasse: k.A. Zuladung: k.A.	**Abmessungen** Spannweite: 1,14 m Höhe: k.A. Länge: 0,90 m	**Reichweite** 5 km

Dragon Eye RQ-14. Die beiden batteriegespeisten Elektromotoren wirken auf Zweiblatt-Propeller. (© US Navy, Mate 2nd Class Daniel J. McLain)

Irak 2004. US Marines machen eine Dragon Eye einsatzklar. (© US Marine Corps, Lance Cpl. Christopher G. Graham)

Kohlefasern und biegt sich bei voller Belastung nur 60 cm nach unten durch. Ebenfalls aus Verbundwerkstoffen gefertigt wird das V-Leitwerk mit je zwei Steuerflächen, Spoilern und Querrudern.

Zum Schutz gegen hochreichende Flugabwehrraketen ist Global Hawk mit Radarwarnempfängern und internen Störsendern ausgerüstet.

Beim Antrieb entschied sich Northrop Grumman für das AE3007H von Rolls-Royce mit einer Schubleistung von 31,5 kN. Nach einigen Anpassungen der Regelung kann dieser Turbofan in Höhen bis 21.300 m betrieben werden. Der Triebwerklufteinlauf ist auf dem Rumpfrücken angeordnet.

Bei einer laut Hersteller maximal 36-stündigen Flugdauer legt Global Hawk weit über 20.000 km zurück und könnte nonstop den halben Erdball umrunden. Sofern das Ziel etwa 2200 km von der Basis entfernt liegt, beträgt die Verweildauer über Ziel oder Einsatzort rund 24 Stunden. Im Rahmen des DARPA-Programms KQ-X ist Northrop Grumman bemüht, diese Einsatzdauer durch voll automatische Luftbetankung in großer Höhe dahingehend zu verlängern, dass Global Hawks Verweildauer über dem Einsatzgebiet in absehbarer Zukunft bis auf eine Woche verlängert werden kann. Eine Tankerdrohne KQ-4 existiert bereits.

Global Hawk RQ-4 Block 10. (© Northrop Grumman)

RQ-4B Block 20, größer und leistungsstärker als ihr Vorgängermodell.
(© Northrop Grumman)

RQ-4 Block 30. Die Personen am Boden verdeutlichen die enorme Größe des Fluggeräts.
(© Northrop Grumman)

Als Startversion des Global Hawk gilt RQ-4A, auch als »Block 10« bekannt. Begonnen hatte alles mit dem ACTD-Programm (Advanced Concept Technology Demonstration). Im Rahmen dieses Programms suchte DARPA einen moderneren und wesentlich leistungsfähigeren Nachfolger für die Spionageflugzeuge U-2. 1999 als Sieger aus diesem Wettbewerb hervorgegangen, betrat Global Hawks dritter Prototyp mit einem Paukenschlag die Weltbühne. Am 21. März 2001 fliegt eine RQ-4A neue Weltrekorde für strahlgetriebene unbemannte Fluggeräte. In einem 30 Stunden und 24 Minuten dauernden Flug erreicht sie mit 19.928 m die größte Flughöhe. Zu welchen Leistungen die RQ-4A damals schon fähig war, zeigt ein Blick auf ihre Route: In Edwards AFB (Kalifornien) gestartet, folgt sie der Pazifikküste nach Süden bis über den Äquator hinweg und wieder zurück. Es ging bei diesem Flug primär um die Überprüfung der verbesserten Klimaanlage für Aufklärungssensoren und -systeme bei extrem niedrigen Temperaturen.

Nahezu zeitgleich zu diesem Weltrekordflug genehmigt das Pentagon den Eintritt des Global-Hawk-Programms in die Entwicklung zur Serienreife und am 1. August 2003 übernahm die USAF ihre erste seriengefertigte Global Hawk. Verglichen mit den Testmustern war die Abflugmasse auf 14.650 kg gestiegen, die Spannweite auf 39,35 m vergrößert, der Rumpf auf 14,48 m gestreckt und das V-Leitwerk um 14 Prozent vergrößert worden.

Ihre Feuertaufe erhält Global Hawk in Afghanistan. Trotz unvermeidbaren technischen »Kinderkrankheiten« kann die Echtzeitaufklärung wesentlich verbessert und später auch im Irakkrieg bewiesen werden.

Wie »wertvoll« die Fluggeräte »Block 10« waren, meldete Northrop Grumman 2011. Demnach war eine in Al Dhafra stationierte Global Hawk des Block-10-Standards im März 2011 neunzehnmal in der Luft und stellte damit einen neuen Monatsrekord auf. Allerdings betrieb die USAF ihre sieben Global Hawk dieses Blocks nur bis Mai 2011 und musterte sie nach 2142 Einsätzen und knapp 36.000 Flugstunden aus.

Es folgte die größere und leistungsfähigere RQ-4B »Block 20«. Als zentrales Element der Überwachung und Aufklärung im Einsatzgebiet übernahmen sie den Hauptteil der Fernaufklärerflotte der USAF. Der Turbofan AE3700H wurde beibehalten, trieb aber einen stärkeren Generator mit 10 Kilowatt Leistung an. Dank erhöhter Tragfähigkeit und gestrecktem Rumpf konnte die Sensornutzlast – ohne verminderte Flugleistungen – auf 1360 kg erhöht werden. Sie umfasste ein hochauflösendes Bodenradar mit Seitensicht-Betriebsart sowie je einen IR-Sensor und eine Digitalkamera. Geführt werden die RQ-4B von Bodenstationen in Kalifornien (Beale AFB). Vor Ort werden nur die Start- und Landephasen überwacht. Am 25. August 2006 enthüllt, absolvierte die erste RQ-4B »Block 20« ihren Jungfernflug am 1. März 2007 und 2008 stellte Northrop Grumman die Serienfertigung auf die Variante »Block 20« um.

Am 14. Juli 2010 startete die erste »Block 20 BACN« (Battlefield Airborne Communications Node) zu ihrem Jungfernflug. Die von der USAF bis Ende 2011 eingeführten sechs RQ-4B »Block 20« dienen primär der Ausbildung.

Der »Block 20«-Prototyp war noch nicht vorgestellt, als Northrop Grumman bereits mit den Arbeiten an einer »Block 30«-Version begann. Äußerlich sind die »Block 30« von der Variante »Block 20« nicht zu unterscheiden. Als wichtigste Verbesserung gilt Raytheons EISS (Enhanced Integrated Sensor Suite), dessen elektro-optischen und IR-Kamerasysteme sogar aus rund 18.000 m Höhe und Entfernungen von knapp 50 km noch verwertbare Fotos von Flugzeugen, Fahrzeugen, Flugzeugträgern und sogar kleinen Segelbooten liefern.

Zur elektronischen Aufklärung wurde das ASIP (Airborne Signals Intelligence Payload) installiert. Nach enttäuschenden Tests war 2011 kurzfristig geplant, auf die Variante »Block 30« zu verzichten und direkt auf »Block 40« umzusteigen. Letztendlich wurde aber nur die Anzahl der zu beschaffenden »Block 30« reduziert. Dennoch konnten die erkannten gravierenden Defizite (nur 27 Prozent des geplanten Aufgabenspektrums wurden erfüllt) die USAF nicht abgehalten, am 10. August 2011 die vorläufige Einsatzbereitschaft der RQ-4B Block 30 zu verkünden. Allerdings wurden von den ursprünglich geplanten 44 Exemplaren letztendlich nur 37 »Block 30« gefertigt.

Künstlerische Darstellung zweier RQ-4D »Phoenix« in NATO-Farben.
© Northrop Grumman)

Am 25. Juni 2009 präsentierte Northrop Grumman stolz den nächsten Entwicklungsschritt: Global Hawk Block 40. Sie erhielt im Rahmen des MP-RTIP-Programms (Multi-Platform Radar Technology) einen neuen Sensor: Das unter dem Rumpf installierte AESA-Seitensichtradar AN/ZPY-2 mit elektronischer Strahlschwenkung erlaubte die Überwachung großer Gebiete und die Verfolgung von Bewegtzielen. Äußerlich leicht zu identifizieren, ist die »Block 40« an der schlanken, 1,20 x 0,45 m großen Antennenverkleidung an der Rumpfunterseite. Die Anzahl der ursprünglich zur Beschaffung geplanten Fluggeräte wurde im Februar 2011 von 22 auf elf halbiert. Mit den dadurch freigestellten Finanzmitteln sollen die Schwierigkeiten bei der »Block 30« behoben werden. Bis Mitte 2011 war ein Block-40-Fluggerät RQ-4B ausgeliefert. Ein erster Testflug mit dem MP-RTIP-Radar glückte im Juli 2011 und im September desselben Jahres wurde die erste RQ-4B Block 40 in Grand Forks stationiert. Im Mai 2012 bestellte die NATO fünf Maschinen dieses Blocks für ihr AGS-Programm. Der Radaraufklärer RQ-4D »Phoenix« ist fast identisch mit »Block 40« und als AGS (Alliance-Ground-Surveillance-System) zur Gefechtsfeldüberwachung vorgesehen. Allerdings vergingen Jahre, bis die erste RQ-4D der NATO am 21. November 2019 endlich auf ihrer künftigen Heimatbasis Sigonella auf Sizilien landete. Eine zweite »Phoenix« folgte am 19. Dezember 2019. Sobald die AGS-Flotte 2020 komplett ist, bietet die NATO ihren 29 Bündnispartnern einzigartige Aufklärungsmöglichkeiten. Die Auswertung der zu erwartende Datenmenge wird allerdings wohl kaum ohne Unterstützung durch künstliche Intelligenz möglich sein.

Auch aus einem dreijährigen Wettbewerb der US Navy für ein unbemanntes Fluggerät zur weiträumigen Seeraumüberwachung ging die Global Hawk 2008 als Sieger hervor. Entscheidend für die Wahl der US Navy war die deutlich höhere Einsatzdauer der Global Hawk gegenüber den Konkurrenzmodellen.

Gemäß den Forderungen der US Navy konzipierte Northrop Grumman die RQ-4B, die im September 2010 in MQ-4C BAMS (Broad Area Maritime Surveillance) »Triton« umbenannt wurde. Zu ihrer umfassenden Sensorausstattung gehört neben dem üblichen im Bug beweglich installierten Sensorturm mit elektro-optischen und IR-Kamerasystemen auch das System AN/ZLQ-1 zur elektronischen Aufklärung sowie ein AIS-Empfänger (Echtzeit-Trackingdaten für Schiffe). Unter dem Rumpf ist ein drehbares Multifunktionsradar installiert. Es arbeitet im X-Bandbereich, besitzt eine Antenne mit elektronischer Strahlschwenkung und liefert hochauflösende Bilder zur Schiffsidentifizierung. Testflüge auf der Naval Air Station Patuxent River (Maryland, USA) und in Al Dhafra, einem Luftwaffenstützpunkt der Vereinigten Arabischen Emirate, bewiesen die grundsätzliche Eignung der MQ-4C BAMS zur Seeraumüberwachung. Beim achtzig Minuten dauernden Erstflug am 22. Mai 2013 stieg die MQ-4CV auf 6100 m. Fünf Jahre später, im Juni 2018, wurde die MQ-4C offiziell in Dienst gestellt. Gemäß dem im August 2008 geschlossenen Beschaffungsauftrag wird Northrop Grumman der US Navy rund 70 MQ-4C liefern.

Ins Licht der weltweiten Öffentlichkeit rückte die MQ-4 am 20. Juni 2019, als die iranischen Behörden meldeten, eine Drohne dieses Typs mit einer Boden-Luft-Rakete über dem Golf von Oman abgeschossen zu haben. Später wurde diese Meldung dahingehend korrigiert, dass es sich bei der abgeschossenen Drohne nicht um eine MQ-4, sondern um eine RQ-4A BAMS-D gehandelte hatte.

Global Hawk dienen nicht nur den Militärs. Vielmehr werden sie auch bei zivilen Hilfsmissionen eingesetzt. So helfen sie beispielsweise bei der Waldbrandüberwachung in Kalifornien oder erkunden Hurrikans und von Erdbeben verwüstete Regionen (Haiti 2010). Ins Licht der Weltöffentlichkeit tritt die Global Hawk im März 2011. Nach dem Tsunami und dem Atomunfall in Fukushima entsenden die USA Global Hawk B »Block 30« nach Japan. In 16 Einsätzen liefern sie exakte Wärmebilder der havarierten Atomreaktoren, wobei unvermeidlich war, dass diese Global Hawk als erste unbemannte Fluggeräte nach einigen Flügen dekontaminiert wurden.

Auch die NASA betrieb Global Hawk für Forschungszwecke. Es waren ausrangierte militärische Prototypen , die – am 15. Januar 2009 erstmals der Öffentlichkeit vorgestellt und ausgerüstet mit Messinstrumenten – hoch über dem Pazifik und der Arktis Daten über die Atmosphäre sammelten.

MQ-4C BAMS »Triton« in einer Illustration. (© Northrop Grumman)

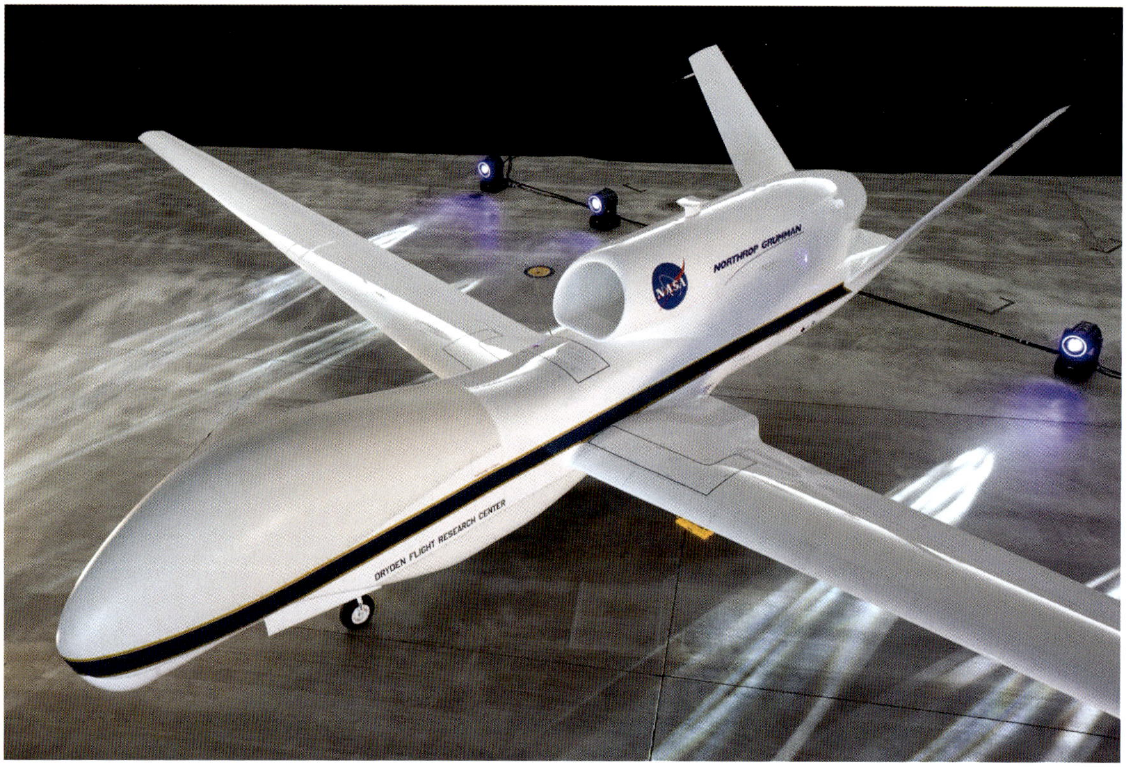

15. Januar 2009: Die NASA präsentiert ihre RQ-4A der Öffentlichkeit. (© Northrop Grumman)

RQ-4A

<table>
<tr><td colspan="2">Triebwerk
1 Mantelstromtriebwerk Rolls-Royce F 137-RR-100</td><td>Triebwerk-Schubleistung
36,8 kN</td></tr>
<tr><td>Höchstgeschwindigkeit
644 km/h</td><td>Flugdauer
max. 36 h</td><td>Dienstgipfelhöhe
19.811 m</td></tr>
<tr><td colspan="2">Einsatzradius
5500 km bei 24stündigem Aufenthalt über dem Zielgebiet</td><td>Treibstoffkapazität
6985 Liter</td></tr>
<tr><td>Massen
Höchststartmasse: 12.133 kg
Leermasse: 5148 kg
Zuladung: 907 kg</td><td>Abmessungen
Länge: 13,53 m
Höhe: 4,63 m
Spannweite: 35,42 m</td><td>Überführungsreichweite
ca. 25.000 km</td></tr>
</table>

RQ-4B

<table>
<tr><td colspan="2">Triebwerk
1 Mantelstromtriebwerk Rolls-Royce F 137-RR-100</td><td>Triebwerk-Schubleistung
36,8 kN</td></tr>
<tr><td>Höchstgeschwindigkeit
637 km/h</td><td>Flugdauer
k.A.</td><td>Dienstgipfelhöhe
19.811 m</td></tr>
<tr><td colspan="2">Einsatzradius
k.A.</td><td>Treibstoffkapazität
7847 Liter</td></tr>
<tr><td>Massen
Höchststartmasse: 14.628 kg
Leermasse: 6781 kg
Zuladung: 1360 kg</td><td>Abmessungen
Länge: 14,50 m
Höhe: 4,63 m
Spannweite: 39,89 m</td><td>Überführungsreichweite
ca. 23.000 km</td></tr>
</table>

Inceptor

Gegründet 1994 in Bingen (US-Bundesstaat Washington), gilt das Unternehmen Insitu Inc. als »Pionier« auf dem Gebiet der unbemannten Fluggeräte und -systeme. Anfangs auf kommerzielle Flugroboter beispielsweise für schiffsgestützte Einsätze zur Ortung von Fischschwärmen für die Fischereiindustrie ausgerichtet, erkannte die Geschäftsleitung schnell die Bedeutung dieser zukunftsweisenden Technologien für die Militärs.

Aber auch Boeing hatte die Zeichen der Zeit erkannt, und »schluckte« Insitu im Juli 2008. Unter dem »Dach« des großen Flugzeugbauers entwickelte sich Insitu zu einem Global Player auch bei Gestaltung, Entwicklung, Herstellung und Betrieb militärischer Drohnensysteme für ISR-Einsätze (Nachrichtengewinnung, Überwachung, Aufklärung).

Insitus kleinster militärischer Flugroboter ist der Inceptor. Dieses kleine unbemannte Hubschraubersystem wurde speziell für ISR-Einsätze in umkämpften Ortschaften entwickelt. Ausgestattet mit drei elektro-optischen oder IR-Kameras, kann der Inceptor-»Pilot« mit dieser Mini-Drohne im Tiefstflug (under the wire) dank ihrer Hubschrauberkonstruktion (schweben, vertikal steigen oder sinken, sich vor- und rückwärts bewegen) selbst noch in engen, verwinkelten Straßen überwachen und aufklären, Gefahrenquellen (z.B. verdächtige Fahrzeuge, Gebäude, Personen) aus nächster Nähe überprüfen und hochauflösendes Bildmaterial und/oder Videos in Echtzeit an die kämpfende Truppe weiterleiten.

Ein modernes Flugregelsystem garantiert, dass die Flugstabilität des Inceptor selbst bei wildesten Manövern bewahrt bleibt und sein »Pilot« sich ganz auf seine Aufgaben konzentrieren kann. Start und Landung erfolgen stets automatisch, während die Drohne im Flug entweder vollautomatisch über Wegpunkte auf vorprogrammierten Flugprofilen oder manuell per Joystick vom »Piloten« gesteuert werden kann. Ein komplettes Inceptor-System passt in einen handlichen, wasserdichten, leicht transportierbaren Koffer. Er bietet Platz für zwei demontierte Drohnen, die einem Laptop ähnliche Kontrollstation nebst Monitor, zwei Videobrillen sowie kurze, auf einem Dreibein zu installierende Antennen.

Ein Inceptor wiegt nur 1,1 kg, ist 24 cm hoch, 63 cm lang und sein Hauptrotor hat 71 cm Durchmesser. Er erreicht 55 km/h Höchstgeschwindigkeit, ein bis 3 km Reichweite und operiert gewöhnlich in Höhen zwischen 1 bis 150 m, wobei die Einsatzdauer mehr als 20 Minuten beträgt. Als Antrieb dient ein geräuscharmer, batteriebetriebener Elektromotor.

Inceptor am Boden; im Vordergrund die handliche Kontrollstation.
(© Insitu Inc.)

Logistikgleiter LG-1K TACAD LG-2K RAIN

Mit sehr speziellen Luftfahrzeugen überraschte das im kalifornischen Dixon ansässige Unternehmen Logistic Gliders Inc. 2019. Erst 2011 gegründet, hat sich Logistic Gliders erfolgreich auf die Entwicklung innovativer, ungewöhnlicher Billig-Drohnen spezialisiert. Man könnte diese Fluggeräte auch als »Wegwerf-Drohnen« bezeichnen: Denn sie werden nur einmal benutzt und wandern dann in den Müll oder bleiben als militärischer Abfall im Einsatzgebiet zurück.

LG-1K TACAD (TACtical Air Delivery) und LG-2K RAIN (Revolutionary Airlift INnovation) sind Versorgungsdrohnen. Gefüllt mit Nachschubgütern von Transportflugzeugen oder Hubschraubern aus rund 5 km Höhe abgesetzt, überwinden sie im Gleitflug antriebslos Entfernungen von bis zu 110 km. Sie landen entweder horizontal (»Bauchlandung« mit rund 145 km/h) oder per Fallschirm, und zwar dort, wo beispielsweise Infanteristen im Gefecht liegend auf Nachschub warten.

Die lange Gleitflugkapazität von bis zu 110 km

Eine Drohne LG-1K TACAD wird auf dem Gelände des USMC in Yuma (Arizona, USA) in eine Shorts SC-7 Skyvan verladen.
(© Logistic Gliders Inc.)

LG-1K TACAD

Optimale Gleitflugeschwindigkeit	Gleitflug-Distanz	Höchststartmasse
190 km/h	ca. 110 km	k.A.
Nutzlast	**Länge**	**Spannweite**
317 kg	3,20 m	7,10 m

LG--2K RAIN

Optimale Gleitflugeschwindigkeit	Gleitflug-Distanz	Höchststartmasse
240 km/h	ca. 110 km	k.A.
Nutzlast	**Länge**	**Spannweite**
816 kg	3,90 m	8,20 m

soll sicherstellen, dass Transportflugzeuge und Hubschrauber diese Nachschubdrohnen weitab vom Feind unentdeckt und noch außerhalb der Reichweite gegnerischer Flugabwehrraketen abwerfen können. Großes Interesse an diesem kostengünstigen Nachschubverfahren zeigt das US Marine Corps (USMC). Sein »Warfighting Laboratory Futures Directorate« hat bereits eine erste Gleitflug-Testreihe durchführen lassen.

Bis zum 9. Dezember 2019 erprobte das USMC insgesamt 18 Gleitdrohnen. Bei zehn Tests erfolgte der Abwurf der Drohnen aus der Heckluke eines Transportflugzeuges (8 x Shorts SC-7 Skyvan, 2 x Lockheed C-130 Hercules), acht weitere Drohnen (5 x Hughes MD-50D, 2 x Bell 206, 1 x Hiller CJ-5) abgeworfen. Von den 18 getesteten Drohnen erreichten zehn ihr Zielgebiet autonom, die übrigen funkgesteuert. Bei einer Gleitzahl von 12:1 betrug die Gleitflugdauer durchschnittlich 1 Stunde und 36 Minuten.

Alle Versuche verliefen zufriedenstellend und so ist davon auszugehen, dass das USMC kurzfristig Wegwerf-Versorgungsdrohnen beschaffen wird. Denn Streitkräfte benötigen nicht nur Aufklärungs- und Kampfdrohen, sondern suchen auch nach Wegen, ihre im Gefecht liegenden Truppen möglichst risikolos mit Nachschub zu versorgen.

Drohne im Frachtraum der Skyvan. (© Logistic Gliders)

Eine Drohne wird aus der Ladeluke einer Lockheed C-130 Hercules gestoßen. (© Logistic Gliders)

5. März 2019. Die sechste LG-1K TACAD. Im Gleitflug über dem Gelände des USMC in Yuma (Arizona/USA) erreicht sie bis zu 280 km/h. Beladen mit 291 kg Nutzlast beträgt ihre Gesamtmasse 474 kg.
(© Logistic Gliders)

Neptune RQ-15

Als Diagnostic/Retrieval Systems, Inc (DRS) gegründet, konzentrierte sich das in den USA beheimatete Unternehmen als DRS Technologies schon bald auf wehrtechnische Projekte. Im Oktober 2008 zunächst vom italienischen Konzern Finmeccanica geschluckt, firmieren die Amerikaner inzwischen als Leonardo DRS und gehören der in Rom (Italien) ansässigen Leonardo S.p.A.

Zu den von DRS Technologies entwickelten und nun unter dem Dach der Leonardo S.p.A. vermarkteten Drohnensystemen, gehört unter anderem die amphibische Aufklärungsdrohne Neptune. Gemäß einem Anforderungskatalog der US Navy geschaffen (Erstflug im Januar 2002), wird sie unter der militärischen Kennung RQ-15A (seit Anfang 2007) speziell gemäß den maritimen Anforderungen der US Navy Special Forces seriengefertigt.

Auffällig an ihrer Konstruktion sind der ungewöhnlich breite Rumpf und das Doppelleitwerk. Zum Schutz vor Seewasser und Feuchtigkeit ist der leicht auswechselbare Einreihenkolbenmotor für Flugbenzin oder Dieselkraftstoff auf dem Heckrumpf montiert.

Ihr Transportbehälter (1,83 x 76 x 51 cm) dient der Neptune auch als Startrampe. Von drei Personen in wenigen Minuten startklar gemacht (u. a. müssen die Tragflügel montiert werden), wird Neptune von einem Druckluft-Katapult (Nullstartsystem) in die Luft geschleudert – entweder schiffsgestützt (auch von Bord kleinerer Boote) oder vom Dach größerer Fahrzeuge. Die Landung erfolgt per Fallschirm auf der Wasseroberfläche oder auf Land. Auf Land kann die Drohne auch pistenunabhängig per Kufenfahrwerk landen.

Neben einer traditionellen Ausstattung mit hochauflösenden elektro-optischen Sensoren, ist Neptune serienmäßig auch für ISR-Missionen (Nachrichtengewinnung, Überwachung, Aufklärung) bei Tag und Nacht ausgestattet.

So umfasst die Nutzlast beispielsweise neben elektro-optischen und IR-Kamerasystemen zusätzlich einen Laser-E-Messer und Laser-Zielsystem. Die Einsatzmöglichkeit als Relaisstation ermöglicht Neptune ISR-Einsätze bis weit jenseits des Horizonts.

Die Nutzlast von Neptune ist in einem im vorderen Unterrumpf angeordneten, mit einem Schieber verschlossenen Schacht untergebracht. Zum Einsatz wird dieser Schieber in Flugrichtung geöffnet und der Nutzlastbehälter nach unten ausgefahren.

Zwei Flugprofile mit je 100 Wegpunkten erlauben vollautomatischen beziehungsweise halbautomatische Missionen. Neptune kann aber auch bedarfsweise manuell eingesetzt werden. Navigiert wird über satellitengestützt (GPS) und INS (Trägheitsnavigationssystem). Der Kontakt (Datenverbindung) zur Drohne (uplink) erfolgt über L-, von der Drohne zur Bodenkontrollstation (downlink) über S-Band mit 5 bis 11 Megabit pro Sekunde.

Die Bodenkontrollstation – eine Art Laptop – ist leicht transportierbar und robust konstruiert. Zu ihrer Ausstattung gehören unter anderem ein Motorstarter, Tankanlage, Drucklufterzeuger (Kompressor), Generator 1,5 kW, Transportbehälter.

Neptune RQ-15

Antrieb 1 Zweitakt-Kolbenmotor	**Motorleistung** 15,3 PS	**Einsatzradius** 75 km
Höchstgeschwindigkeit ca. 160 km/h	**Patrouillengeschwindigkeit** ca. 110 km/h	**Dienstgipfelhöhe** ca. 2.400 m
Massen Höchststartmasse: 36 kg	**Abmessungen** Spannweite: 2,13 m Länge: 1,83 m	**Einsatzdauer** 4 h

Neptune RQ-15A im Flug. Unter ihrem Rumpf der ausgefahrene Nutzlastträger.
(© DRS Technologies)

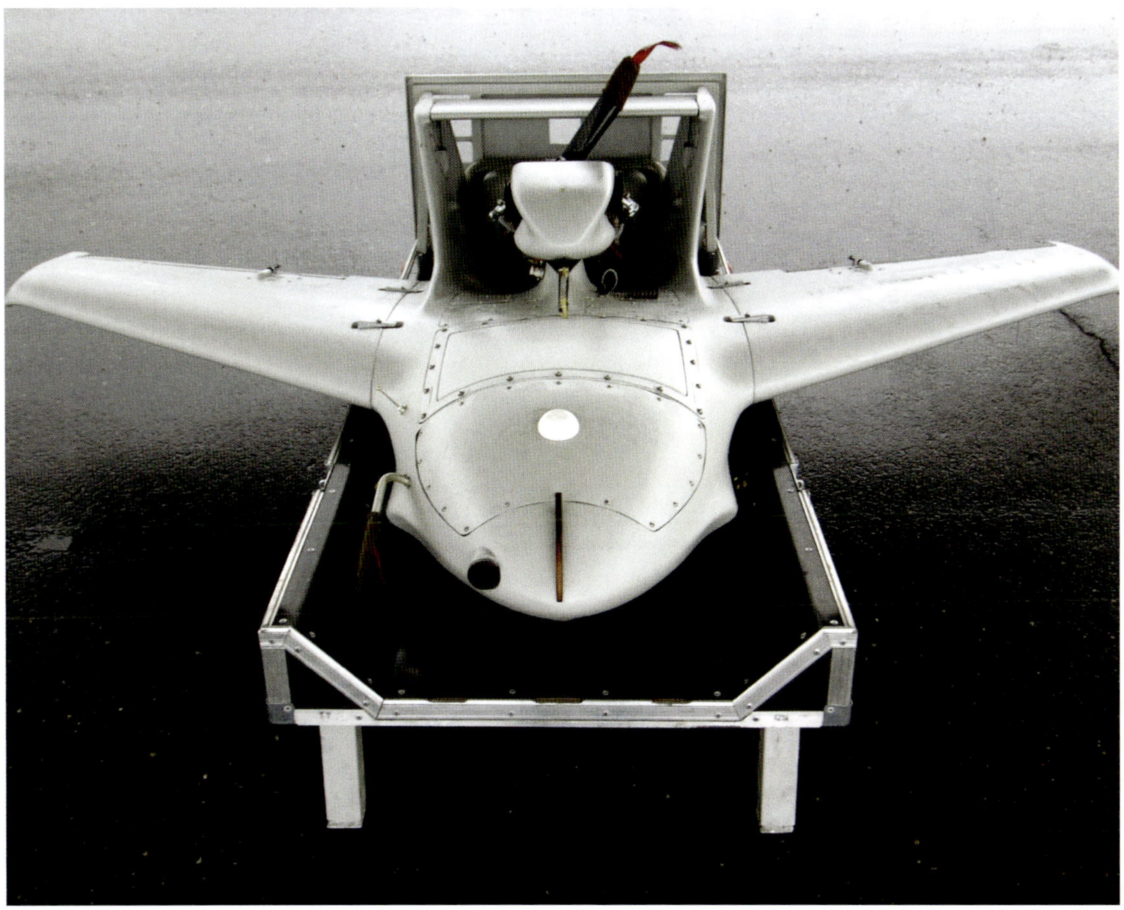

Neptune ausgestellt auf der Naval UAV Air Demo 2005, Naval Air Station Patuxent River, Maryland/USA.
(© US Navy, 2nd Class Daniel J. McLain)

NightEagle

Im September 2010 meldete Insitu die uneingeschränkte Einsatzfähigkeit des NightEagle-Systems. NightEagle ist eine speziell für Nachteinsätze geschaffene Weiterentwicklung der kampferprobten und bewährten ScanEagle-Drohne (siehe dort). Wie ihre Schwestern Integrator und ScanEagle, wurde NightEagle nicht nur für ISR-Einsätze (Nachrichtengewinnung, Überwachung, Aufklärung), sondern auch für zivile Aufgaben konzipiert. Sie dienen im Grenz- und Küstenschutz, zur Verbrechensbekämpfung, überwachen große Waldgebiete zur frühzeitigen Erkennung von Bränden, klären bei Katastrophen auf, kartographieren und vermessen Gelände, überwachen Pipelines und erfüllen Aufgaben, die für »menschliche« Piloten zu monoton oder zu gefährlich sind. Navigiert wird dabei über GPS/INS-Systeme. Äußerlich unterscheidet sich NightEagle von ScanEagle durch eine größere Bugsektion und ein auf dem Heckrumpf angeordnetes Seitenleitwerk.

Im militärischen Einsatz kann eine ScanEagle-Drohne bei der Fronttruppe mit einem entsprechen den Rüstsatz in nur zwei bis drei Stunden zur NightEagle umgerüstet werden. Wie Insitus Integrator und ScanEagle, wird auch NightEagle per Katapult gestartet. Nach beendeter Mission wird das Fluggerät (Drohne) mit dem Skyhook-System »eingefangen«, wobei sie gegen ein senkrecht gespanntes, 15 m langes Seil fliegt. Über die gepfeilten Flügel gleitet dieses Seil zu den senkrechten Flügelohren und rastet dort in ein Hakensystem ein. Der Kran des Skyhook-Systems wird – auch er GPS-gesteuert – so geführt, dass sich Drohnenflügel und Fangseil exakt treffen.

Seit Mitte 2009 sind verbesserte und leistungsgesteigerte Katapulte im Einsatz, sodass NightEagle mit größerer Nutzlast auch bei schlechter Sicht gestartet und in große Höhen geschleudert werden können.

Durch Nutzung des mittleren Infrarotspektrums (Wellenlängen von 3 bis 8 μm) liefert NightEagle bei Nacht und schlechtem Wetter hochwertiges Bildmaterial in Tageslichtqualität und dies aus großer Entfernung sogar bei Sandstürmen! Mit dieser innovativen Technologie behauptet Insitu seinen Platz unter den führenden Herstellern unbemannter Flugsysteme. Der leise Zweitakt-Motor bietet eine geringe Geräuschsigntur, leistet 1,4 kW (1,9 PS) und kann sowohl mit Benzin als auch mit Dieselkraftstoff betrieben werden. Ein Transponder ohne Höhenkennung erkennt und warnt vor gegnerischen Fluggeräten in einer genau festgelegten Schutzzone und sendet entsprechende Informationen/Bilder an die Bodenkontrollstation. Klein und leise, ist NightEagle vom Gegner nur schwierig zu orten.

Allwetterfähig, pistenunabhängig und auch für schiffsgestützte Einsätze verwendbar, hat sich das NightEagle-System als zuverlässig erwiesen und in Kampfeinsätzen bewährt. Ein System umfasst eine oder mehr Drohnen, ein druckluftbetätigtes Katapult, ein Skyhook-Bergesystem sowie eine Bodenkontrollstation.

Die NightEagle-Drohne hat 3,19 m Spannweite und 1,64 m Länge. Ihre Leermasse beträgt 16 kg, das Starthöchstgewicht 22 kg. Im Horizontalflug erreicht sie eine Höchstgeschwindigkeit von 150 km/h und eine Marschgeschwindigkeit von 90 km/h. Als Dienstgipfelhöhe nennt Insitu 5944 m und (bei Verwendung des leistungsgesteigerten Katapults) eine Flugdauer von mehr als 18 Stunden.

Gleich wird das Fluggerät vom senkrecht gespannten Seil (rechts am Bildrand) des »Skyhook« eingefangen.
(© Insitu Inc.)

NightEagle klar zum Katapultstart.
(© Insitu Inc.)

NightEagle startklar, im Hintergrund das Bergesystem »Skyhook«.
(© Insitu Inc.)

Phantom Ray

Als dieser Erprobungsträger (deutsch: Phantom-Rochen) für die Entwicklung einer Nurflügel-Stealth-Drohne am 27. April 2011 seinen Erstflug erfolgreich absolvierte, dachte außerhalb der Fachwelt wohl kaum noch jemand an die Vorläufer dieser Kampfdrohne: Von DARPA und USAF im Rahmen des J-UCAS-Programms (Joint Unmanned Combat Air System) initiierte X-45-Familie. Mit dieser Erprobungsträger-Familie konnte Boeing unbemannten autonomen Kampfflugzeugen der nächsten Generation den Weg weisen. Daran kann auch die Tatsache nichts ändern, dass diese Flugzeuge (wegen ihrer Größe kann man sie nicht anders nennen) seit August 2006 nur noch Ausstellungsstücke im Smithsonian National Air and Space Museum und im National Museum of the US Air Force waren. Im Rahmen des J-UCAS-Programms sollte aufgezeigt werden, über welche Fähigkeiten und Ausrüstung unbemannte Kampfjets verfügen mussten, um autonom und erfolgreich SEAD-Missionen (identifizieren und bekämpfen/niederhalten der gegnerischen bodengebundenen, radargestützten Luftverteidigung) durchführen zu können.

Es begann im September des Jahres 2000, als in Boeings Phantom Works die erste X-45A, genannt »The Elsie May« (nach der ältesten Tochter des Erfinders Alexander Graham Bell benannt, welcher 1867 das erste praktisch verwendbare Telefon schuf), fertiggestellt wurde. Sie startete am 23. Mai 2002 zum Jungfernflug – die zweite X-45A folgte im November des gleichen Jahres. Neben der technischen Erfolgsgeschichte – nur zwei X-45A wurden gebaut – ist besonders hervorzuheben, dass alle nachfolgenden (fast 70) Flüge ohne Zwischenfälle durchgeführt wurden. Erwähnenswert ist auch, dass beide X-45A im verkleinerten Maßstab gebaut wurden, in ihrer Konstruktion also nicht den geplanten seriengefertigten Fluggeräten entsprachen.

Aus der großartigen Erfolgsgeschichte besonders hervorzuheben ist, dass eine X-45 als erster unbemannter Kampfjet am 4. April 2004 eine GPS-gesteuerte 250-kg-Bombe auf ein Bodenziel abwarf und am 1. August desselben Jahres beide Flugzeuge – von einem »Piloten« manuell gesteuert – einen koordinierten Einsatz flogen. Auch am 10. August 2005 war die Welt der X-45A noch in Ordnung. Denn an diesem Tag starteten beide Versuchsträger in Edwards Air Force Base zu ihrer letzten und schwierigsten Mission: Auf ihrem koordinierten Flug zum rund 100 km entfernten Einsatzgebiet erkannten und identifizierten ihre bordeigenen Systeme bedrohliche Flugabwehrstellungen, flogen selbständig Ausweichmanöver und bestimmten den optimalen Kurs. Über dem Einsatzgebiet angelangt, flogen sie – nach vorheriger Kommunikation untereinander – zwei simulierte Bombenangriffe und kehrten schließlich sicher zum Stützpunkt zurück. Leider hatten sich die Anforderungen der US Air Force und US Navy inzwischen aber derart verändert, dass das Programm kurz vor der Fertigung der ersten maßstabgetreuen Vorserienflugzeuge abrupt gestoppt werden musste.

Beide X-45A wurden unter Beachtung de Stealth-Technologie mit faserverstärkten Epoxid-Verbundwerkstoffen gebaut. Ihre Flügel waren stark gepfeilt, das Fahrwerk einziehbar und im Rumpf zwei Waffenschächte angeordnet.

2006 abgebrochen, wurde das J-UCAS-Programm Mitte des Jahres 2007 in Boeings Phantom Works als »Projekt Reblue« zu neuem Leben erweckt.

Phantom Ray

Triebwerk 1 Mantelstromtriebwerk General Electric F404-GE-1020		**Triebwerk-Schubleistung** 50,03 kN
Höchst- / Marschgeschwindigkeit ca. 1000 km/h / ca. Mach 0,8	**Einsatzradius** 1850 km	**Dienstgipfelhöhe** ca. 12.000 m
Massen Höchststartmasse: 16.556 kg	**Abmessungen** Spannweite: 15,24 m Länge: 10,97 m	**Bewaffnung (geplant)** Bombenlast 2040 kg in einem Waffenschacht

Zur weiteren Erprobung und zur Vorbereitung auf den Erstflug wird die Phantom Ray am 20. Juli 2010 auf dem Rücken der Boeing 747SCA »Shuttle Carrier Aircraft« (auch als »Space Shuttle Orbiter« bekannt) der NASA zur Dryden Test Range überführt. Abgebildet eine Illustration.
(© Boeing)

Auf der Grundlage des Prototypen X-45C entstand dort der Technologiedemonstrator Phantom Ray.

Am 10. Mai 2010 der Öffentlichkeit vorgestellt, wurden bis Mitte November desselben Jahres erste Rollversuche in niedrigen Geschwindigkeitsbereichen absolviert und am 27. April 2011 startete Phantom Ray schließlich zum erfolgreichen Jungfernflug.

In der Hoffnung auf staatliche finanzielle Unterstützung finanziert Boeing das Projekt weiterhin mit eigenen Mitteln und ist guten Mutes, die Entwicklung bis zum Serienmodell mit Regierungsgeldern fortsetzen zu können. Geschaffen werden soll eine Drohne, die sowohl für Kampfeinsätze als auch zur bewaffneten Aufklärung, für elektronische Störeinsätze und zur Luftbetankung geeignet ist.

Die erste Stealth-Drohne der Welt: X-45A mit ausgefahrenem Fahrwerk im Landeanflug. (© Boeing)

April 2011: Phantom Ray startklar zum Erstflug. Bemerkenswert die vollkommen glatte Form für perfekte Tarnkappen-Eigenschaften. (© Boeing)

Pioneer RQ-2

AAI Corporation, 1950 in Hunt Valley im US-Bundesstaat Maryland gegründet, gehört seit 2007 zum Mischkonzerns Textron und zählt inzwischen zu den führenden Unternehmen auf dem Gebiet der unbemannten militärischen Luftfahrzeuge. Bereits 1985 hatte AAI die Bedeutung dieses zukunftsorientierten Marktes erkannt und entwickelte in enger Zusammenarbeit mit Israel Aircraft Industries als erstes Projekt das Drohnensystem Pioneer RQ-2.

Von der US Navy zur Artilleriefeuerleitung ihrer Schlachtschiffe eingeführt, wurde Pioneer schon bald auch von anderen US-Teilstreitkräften als Aufklärungsdrohne eingesetzt. Seit 1990 hat Pioneer sich bei Kampfeinsätzen im Golfkrieg, in Bosnien/Kosovo und im Irak bewährt.

Von einem Katapult pneumatisch oder raketenunterstützt gestartet und nach beendetem Einsatz von einem Netz aufgefangen, ist sie für schiffsgestützte Einsätze optimal geeignet. Dank Bugradfahrwerk kann sie aber auch konventionell auf befestigten Pisten starten und landen. Bei zu kurzen Pisten kann mit Raketenunterstützung gestartet werden.

Ein typisches Pioneer-System umfasst bis zu acht Luftfahrzeuge, eine Bodenkontrollstation, ein Folgeradar, vier Empfangsstationen, bei landgestützten Einsätzen eine mobile Kontrollstation sowie – falls erforderlich – ein pneumatisches bzw. raketenunterstütztes Startkatapult sowie – optional – ein Fangnetz für die Landung.

Die Nutzlast besteht aus elektro-optischen und IR-Kameras vom Typ 12DS des kanadischen Kameraherstellers WESCAM. Die leichten und kompakten Kameras sind 4-Achsen stabilisiert auf einer schwenkbaren modularen Sensorplattform installiert. Die Bildübertragung in optimaler Qualität erfolgt in Echtzeit bei Tag und Nacht und jedem Wetter.

Zur Bedienung des Pioneer-Systems genügen zwei Personen, und zwar ein »Pilot« und ein Sensorbediener.

Bei der US Navy wurde die Pioneer inzwischen durch den unbemannten Aufklärungshubschrauber Fire Scout (siehe dort) abgelöst.

Pioneer RQ-2 beim Start. (© SSgt. J. R. Ruark, US Marine Corps)

Pioneer RQ-2		
Antrieb 1 Kolbenmotor	**Motorleistung** 19 kW / 26 PS	**Einsatzdauer** mit 46 Liter Tankkapazität 4 h
Höchstgeschwindigkeit 205 km/h	**Höchststartmasse** 205 kg	**Dienstgipfelhöhe** 4600 m
Länge 4,30 m	**Höhe** k.A.	**Spannweite** 5,20 m

Pioneer auf der Katapultstartschiene, einsatzklar zum raketenunterstützten Start. (© SSgt. J. R. Ruark, US Marine Corps)

Start mit Raketenunterstützung. Der Treibsatz wird nach dem Ausbrennen abgeworfen. (© AAI Corporation)

Pioneer RQ-2 an Bord der *USS Wisconsin* (BB-64). (© PHC(NAC) John Kristoffersen, US Navy)

Pioneer RQ-2 im Fangnetz an Bord der *USS Iowa* (BB-61). (© PHC Jeff Hilton, US Navy)

hat gewiss eine entscheidende Rolle gespielt, dass einer SkyGuardian MQ-9B am 10./11. Juli 2018 eine Nonstop-Atlantiküberquerung von General Atomics Flight Test Center in Grand Forks (US-Bundesstaat North Dakota) nach Großbritannien (RAF Fairford) glückte. Dieser 1. Transatlantikflug eines unbemannten Fluggerätes erforderte nicht nur exzellente technische Voraussetzungen, sondern SkyGuardian musste auch die Bestimmungen zur Lufttüchtigkeit der militärischen und zivilen Luftfahrtbehörden erfüllen. In Fairford ist SkyGuardian vom 13. bis 15. Juli 2018 eines der interessantesten Objekte, die im Rahmen der RIAT (Royal International Air Tattoo) auf dem RAF-Stützpunkt Fairford präsentiert werden. SkyGuardian hat 24 m Spannweite, eine Treibstoffkapazität für 40 Stunden Höchstflugdauer in 15 km Höhe und verfügt folglich auch über den nötigen Enteisungs- und Blitzschutz. Die Bodenkontrollstation des SkyGuardian wurde völlig neu gestaltet und entspricht dem neuesten Stand der Technik. »Geflogen« wird SkyGuardian von drei Kontrolleuren: Pilot, Sensor Operator und Mission Intelligence Coordinator.

Als allerjüngstes Mitglied der altbewährten Predator-Familie fertigt General Atomics Aeronautical Systems inzwischen die Predator XP in Serie. Sie kann mit einer Geschwindigkeit von rund 220 km/h bis zu 35 Stunden lang in bis zu 7620 m Höhe operieren.

Alle Predator-Varianten können auf einem Fußballfeld starten und landen, sind allerdings auf befestigte Pisten angewiesen. Im Einsatz besteht ein Waffensystem aus einer Bodenkontrollstation nebst Sende-/Empfangsstation, einer direkten Datenverbindung zu einem GPS-Satelliten sowie je einer UHF- Satcom-Verbindung (TV/IR-Video) und Ku-Band-Satellitenverbindung (TV/IR-Video, Radarbilder) und im Allgemeinen bis zu vier Fluggeräten. Aufgefangene Bilder und/oder Daten übermitteln die Fluggeräten in Echtzeit an die Bodenkontrollstation und werden von dort – ebenfalls in Echtzeit

Predator MQ-1B

Triebwerk Kolbenmotor Rotax 914-TC		**Triebwerkleistung** 78 kW / 106 PS
Höchstgeschwindigkeit 222 km/h	**Marschgeschwindigkeit** 180 km/h	**Flugdauer** max. ca. 40 h
Dienstgipfelhöhe 7620 m	**Einsatzradius** 740 km	**Reichweite** 3700 km
Massen Höchststartmasse: 1020 kg Normale Startmasse: ca. 850 kg Leermasse: 512 kg Nutz- / Kampflast: 204 kg	**Abmessungen** Länge: 8,23 m Höhe: 2,10 m Spannweite: 20,00 m	**Treibstoffkapazität** 405 Liter

Reapor MQ-9A

Triebwerk Turboprop Honeywell TPE-331-10		**Triebwerkleistung** ca. 670 kW / 900 PS
Höchstgeschwindigkeit 444 km/h	**Marschgeschwindigkeit** 313 km/h (ohne Lasten)	**Flugdauer** max. 27 h
Dienstgipfelhöhe 15.240 m	**Einsatzradius** 3060 km	**Reichweite** k.A.
Massen Höchststartmasse: 4763 kg Normale Startmasse: k.A. Leermasse: 2223 kg Nutzlast: 386 kg (intern), 1361 kg (extern) Kampflast: max. 1747 kg	**Abmessungen** Länge: 11,00 m Höhe: 3,80 m Spannweite: 20,12 m	**Treibstoffkapazität** 1769 kg

November 2008: Predator MQ-1, bewaffnet mit Flugkörpern AGM-114 Hellfire, über dem südlichen Afghanistan.
(© USAF, Lt Col Leslie Pratt)

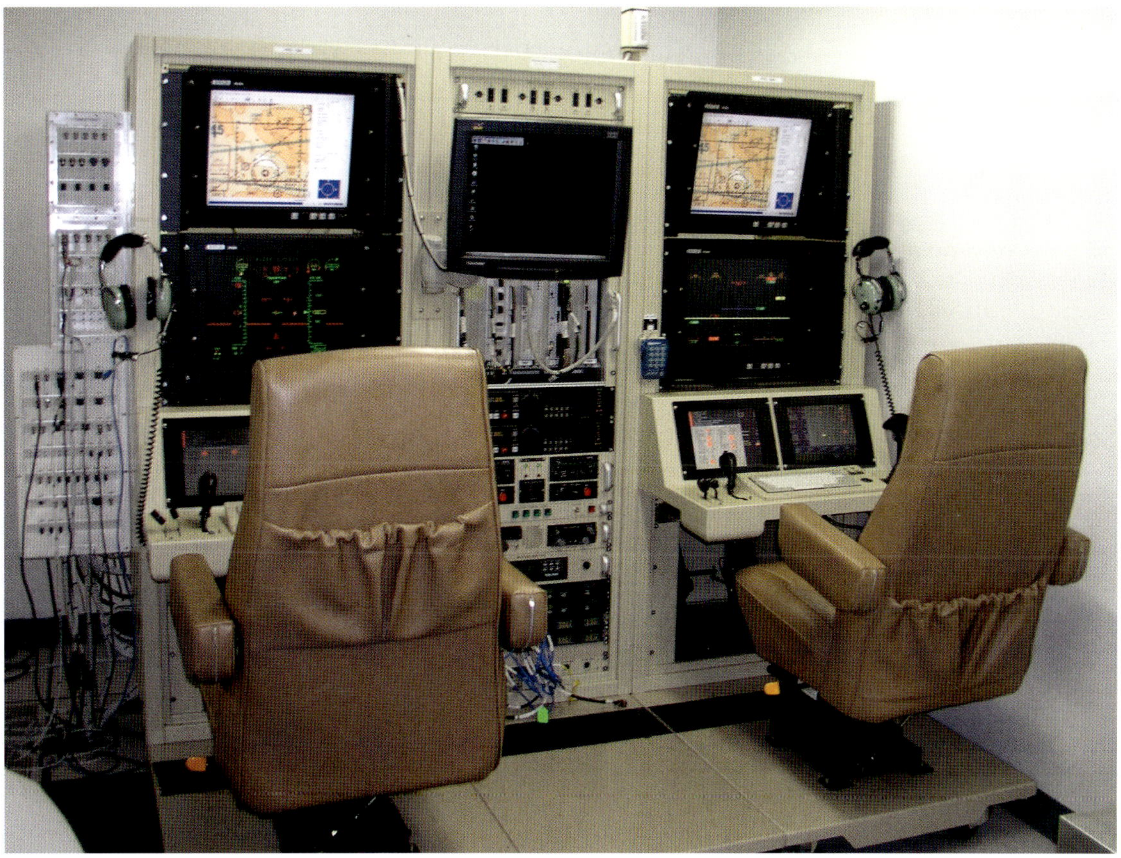

Im Innern einer Bodenkontrollstation.
(© General Atomics Aeronautical Systems)

– über die Sende-/Empfangsstation via Kommunikationssatellit an das Hauptquartier (lokal und/oder national) weitergeleitet. Die Einsatzbefehle des Hauptquartiers werden entweder direkt oder über Kommunikationssatellit und Sende-/Empfangsstation übermittelt.

Es klingt makaber, aber rückblickend ist festzuhalten, dass erst der Schock der Terroranschläge vom 11. September 2001 den Predator auf seinem Siegeszug beflügelte und es ohne Osama Bin Laden vermutlich nicht die atemberaubenden technischen Fortschritte dieses unbemannten Flugsystems gegeben hätte. Denn erst unter dem Eindruck der zusammengestürzten Türme des World Trade Center befahl Präsident Bush, Angehörige von Al Quaida gezielt zu töten, wo immer man ihrer habhaft werden könnte.

Dennoch dauerte es noch bis 2004, bis die ersten Predator über den unzugänglichen Gebieten Afghanistans und Pakistans zum Einsatz kamen. Inzwischen sind die Mitglieder der ständig verbesserten, leistungs- und kampfwertgesteigerten Predator-Familie bei den US-Streitkräften – und vielen Verbündeten – dermaßen begehrt, dass General Atomics die Beschaffungsaufträge kaum erfüllen kann.

Die US Air Force betreibt mehrere Hundert Predator der verschiedensten Varianten. Über wie viele dieser Systeme die CIA verfügen kann, ist unbekannt.

»Geflogen« werden die Predator meistens über eine satellitengestützte Verbindung. Die nötige »Sicht« liefert dem »Piloten« eine buginstallierte Videokamera. Ein so genannter multispektraler Sensor identifiziert kleinste Objekte sogar noch aus Flughöhen von mehr als 3000 m und dient als Zielsystem für die mitgeführten Präzisionswaffen, während hochauflösende Radarbilder eine ständige Überwachung des Einsatzgebietes auch durch Wolken hindurch erlauben. Bei den Predator der US Air

Gray Eagle MQ-1C

Triebwerk Vielstoffmotor Thielert Centurion 1.7		**Triebwerkleistung** 100 kW / 135 PS
Höchstgeschwindigkeit 309 km/h	**Marschgeschwindigkeit** 250 km/h	**Flugdauer** max. 25 h
Dienstgipfelhöhe 8839 m	**Einsatzradius** ca. 400 km	**Reichweite** k.A.
Massen Höchststartmasse: 1633 kg Normale Startmasse: k.A. Leermasse: k.A Nutzlast: 261kg (intern), 227 kg (extern) Kampflast: max. 1361 kg	**Abmessungen** Länge: 9,00 m Höhe: 2,10 m Spannweite: 17,00 m	**Treibstoffkapazität** 261 Liter

Predator XP

Triebwerk Rotax 914 Turbo		**Triebwerkleistung** k.A.
Höchstgeschwindigkeit 222 km/h	**Marschgeschwindigkeit** k.A.	**Flugdauer** max. 35 h
Dienstgipfelhöhe 7620 m	**Einsatzradius** k.A.	**Reichweite** k.A.
Massen Höchststartmasse: 1157 kg Normale Startmasse: k.A. Leermasse: k.A Nutzlast: 147 kg Kampflast: k.A.	**Abmessungen** Länge: 8,00 m Höhe: k.A. Spannweite: 17,00 m	**Treibstoffkapazität** 270 kg

Force sitzt die Besatzung meistens an Bildschirmkonsolen in den USA, während die CIA ihre Drohnen angeblich aus ihrem Hauptquartier bei Washington D. C. fernsteuert. Ist ein gesuchtes oder lohnendes Zielobjekt erkannt, kommt der Tod per Knopfdruck. Standardbewaffnung der modernen Predator-Varianten sind GPS- und/oder lasergelenkte Luft-Boden-Lenkflugkörper und/oder Gleitbomben sowie ursprünglich zur Panzerjagd entwickelte Luft-Boden-Flugkörper Hellfire und Luft-Luft-Flugkörper Stinger. Mit Laser-Zielbeleuchtern ausgestattet, können Predator auch wie vorgeschobene Fliegerleitoffiziere Kampfjets Ziele zuweisen.

Während die MQ-1B 2018 von der USAF ausgemustert wurde, wird sie weiterhin von zahlreichen NATO-Staaten betrieben.

Nicht unerwähnt bleiben kann, dass Predator in den USA auch von zivilen Behörden genutzt werden. So stellte beispielsweise die Zoll- und Grenzschutzbehörde in Arizona im September 2005 ihren ersten Predator B speziell zur Überwachung der mexikanischen Grenze und als Funkrelaisstation in Dienst. Die in Echtzeit verfügbaren Fernseh- und Wärmebildern sollen den optimalen Einsatz der Polizisten am Boden ermöglichen.

Ebenfalls im September 2005 erhielt eine für die NASA entwickelte Version des Predator B mit größerer Spannweite von der US-Luftfahrtbehörde FAA als erstes unbemanntes Fluggerät eine Experimental-Zulassung. Diese Altair besitzt ein Kollisionswarnsystem und bietet dank einer fehlertoleranten und doppelt ausgelegten Flugsteuerung sowie dreifach redundanter Avionik eine außerordentlich hohe Ausfallsicherheit.

Wie General Atomics Aeronautical Systems am 9. November 2019 stolz verkündete, haben die Mitglieder der Predator-Familie bis zum 31. Oktober 2019 bei insgesamt 430.495 Einsätzen (rund 90 Prozent Kampfeinsätze) mehr als sechs Millionen Flugstunden absolviert.

Die Kampfdrohne Predator C Avenger, Erstflug im April 2009. Die Langstreckenversion Avenger ER (Höchstflugdauer 20 Stunden) startete im Oktober 2016 zum Erstflug; ihr Testprogramm endete 2017.
(© MC1 Peter D. Lawlor)

MQ-9A Reaper, auch als Predator B bekannt. Der Reaper (Sensenmann) klärt nicht nur auf, sondern trägt auch die mehr als zehnfache Kampflast des Predator-Ursprungsmodells. Inzwischen ist auch eine Langstreckenversion – Predator B ER – bekannt, deren Höchstflugdauer auf 42 Stunden gesteigert werden konnte. (© General Atomics Aeronautical Systems)

Gray Eagle MQ-1C. (© General Atomics Aeronautical Systems)

Juli 2018. Nach der Nonstop-Atlantiküberquerung am 15. Juli 2018 zählt der SkyGuardian MQ-9B zu den Höhepunkten der RIAT 2018 (Royal International Air Tattoo). (© Airwolfhound)

Beim Rollen am Boden schwenkt der Kameraturm unter dem Bug hin und her – genauso wie es ein Pilot an Bord machen würde. (© Airwolfhound)

Raven RQ-11B

Auch die Raven RQ-11 ist eine leichte, ebenfalls von AeroVironment konstruierte und seriengefertigte Drohne (MUAV = Miniature Unmanned Aerial Vehicle) und kaum größer als ein Modellflugzeug. Nachdem in nur zehn Monaten ein fliegender Versuchsträger gebaut worden war, startete Raven am 17. Dezember 2003 im australischen Woomera zum Jungfernflug.

Gegenwärtig in der Serienfertigung ist die RQ-11B, eine weiterentwickelte Version der kampferprobten »alten« RQ-11A (Erstflug im Oktober 2001). Konstruiert für schnellstmöglichen Einsatz in urbanem Umfeld und schwer zugänglichem, unübersichtlichen Gelände, kann ein komplettes System RQ-11B von zwei speziell ausgebildeten Soldaten transportiert und in wenigen Minuten montiert und einsatzklar gemacht werden.

Ein Raven-11B-System umfasst drei Luftfahrzeuge eine Bodenkontrollstation, ein ferngelenktes Videoterminal, eine Transportkiste sowie Wartungs- und Ersatzmaterial.

Handgestartet, erkundet die Drohne entweder manuell gesteuert oder GPS-gestützt über vorprogrammiert Wegpunkte aus niedriger Höhe. Auch die Landung erfolgt automatisch, wobei die Drohne in außergewöhnlichem steilem Winkel zu Boden geht. Ausgestattet mit einer farbtüchtigen elektrooptischen sowie einer Wärmebildkamera, sendet sie ihre Aufklärungs- und Überwachungserkenntnisse in Echtzeit bei Tag und Nacht und jedem Wetter an Bodenkontrollstationen. Raven 11B absolvieren nicht nur ISTAR-Einsätze, sondern sichern außerdem eigene Truppen und Konvois gegen Hinterhalte und Überfälle und werden zur Wirkungsaufklärung nach Artilleriebeschuss oder Bombenangriffen eingesetzt. Ihre Kommunikationsreichweite beträgt rund 10 km. Raven dient auch als Laser-Zielsystem gegen stationäre und bewegte Ziele am Boden.

Ursprünglich nur für das US Special Operations Command beschafft und im Irak, Afghanistan und anderen »heißen« Konflikten bewährt, »dient« das System RQ-11B inzwischen bei US Army und US Marine Corps.

Außer bei den US-Streitkräften haben auch Australien, Dänemark, Estland, Großbritannien, Italien, Libanon, Spanien, Ukraine und die Niederlande die Raven RQ-11B eingeführt.

Raven RQ-11B im Flug. Ein komplettes RQ-11B-System wiegt etwa 5,3 kg. (© AeroVironment)

Raven RQ-18B

Antrieb 1 Elektromotor Aveox 27/26/7-AV	**Motorleistung** k.A.	**Einsatzdauer** ca. 80 min
Höchst- und Marschgeschwindigkeit ca. 100 km/h	**Höchststartmasse** 1,9 kg	**Dienstgipfelhöhe** ca. 300 m
Länge 1,13 m	**Spannweite** 1,31 m	**Reichweite** ca. 10 km

Handgestartet kann die Raven fast überall schnell zum Einsatz kommen.
(© AeroVironment)

ScanEagle

Insitu war noch unabhängig, als in enger Zusammenarbeit mit Boeing (seit 2008 »Mutter« des Unternehmens) ScanEagle entwickelt und am 20. Juni 2002 zum erfolgreichen Erstflug startete. Bereits im Juli des Folgejahres vereinbarten die Insitu und Boeing die auf längere Zeit ausgerichtete Serienfertigung des Systems.

Wie ihre Schwester NightEagle (siehe dort) wurde auch ScanEagle unter dem Namen SeaScan ursprünglich für die Fischereiindustrie entwickelt, um – schiffsgestützt – Fischschwärme suchen und verfolgen zu können. Das große Interesse der US-Streitkräfte an kleinen unbemannten Luftfahrzeugen mit großer Einsatzdauer, bewog Insitu und Boeing letztendlich, sich mit dem ScanEagle-System primär auf militärische Anforderungen zu konzentrieren.

Modular und kostengünstig konstruiert, lassen sich einzelne Komponenten vor Ort einfach und schnell austauschen. Flügel und Rumpf sind vollständig aus Verbundwerkstoffen gefertigt. Der Drohne fehlt das ansonsten konventionell auf dem Heckrumpf angeordnete Seitenleitwerk, stattdessen fungieren große Flügelohren als Seitenruder. Wie Insitus Integrator und NightEagle, wird auch ScanEagle katapultgestartet. Nach beendeter Mission – vollautomatisch oder manuell gesteuert – wird die Drohne vom Skyhook-System »eingefangen«, indem sie gegen ein senkrecht gespanntes, 15 m langes Seil gesteuert wird. Über die stark gepfeilten Flügel der Drohne gleitet dieses Seil zu den Flügelohren und rastet dort in ein Hakensystem ein und bewirkt, dass der Motor sofort gestoppt wird. Der Kran des Skyhook-Systems wird – auch er GPS-gesteuert – so geführt, dass sich Drohnenflügel und Fangseil exakt treffen.

Ein ScanEagle-System umfasst mindestens eine Luftfahrzeug, ein Startkatapult, ein Skyhook-Bergesystem sowie eine Bodenkontrollstation. Zum Betrieb des Systems genügen zwei Soldaten. Die Handhabung der Drohne ist leicht erlernbar; fliegerische Voraussetzungen sind nicht erforderlich.

In der Luft kann ScanEagle allein oder in Gruppen bei Tag und Nacht und jedem Wetter länger als 24 Stunden patrouillieren, ISR-Aufgaben (Nachrichtengewinnung, Überwachung, Aufklärung) erfüllen oder als Relaisstation dienen. ScanEagle sind aber auch ideale Plattformen für zivile Aufgaben wie beispielsweise der Grenz- und Küstenschutz, Verbrechensbekämpfung, Überwachung großer Waldgebiete zur frühzeitigen Erkennung von Bränden, aufklären bei Katastrophen, Gelände kartographieren und vermessen, Pipelines überwachen. Also Aufgaben erfüllen, die für »menschliche« Piloten zu monoton oder zu gefährlich wären.

Die Standard-Nutzlast der Drohne besteht aus einem elektro-optischen oder einem IR-Kamerasystem. Bilder und Daten werden vernetzt und in Echtzeit übermittelt, sodass nicht nur weit entfernte Stabsstellen, sondern auch lokale Kommandeure »an der Front« und auf hoher See in Echtzeit über die aktuelle militärische Lage informiert sind. Ein Transponder ohne Höhenkennung erkennt und warnt vor gegnerischen Fluggeräten in einer genau festgelegten Schutzzone und sendet der Bodenkontrollstation entsprechendes Daten-/ Bildmaterial.

Seit Sommer 2004 im Irak eingesetzt, bewährte sich ScanEagle in allen Bereichen. Die Folge war,

ScanEagle Basisvariante

Triebwerk 1 Zweitaktmotor 3 W International SP-2B	**Motorleistung** 4 kW / 1,9 PS	**Reichweite** ca. 1500 km
Höchstgeschwindigkeit 150 km/h	**Marsch-/Patrouillengeschwindigkeit** 90 km	**Dienstgipfelhöhe** 5910 m
Massen Höchststartmasse: 20 kg Leermasse: 13,1 kg	**Abmessungen** Spannweite: 3,11 m Länge: 1,37 m	**Einsatzdauer** 28+ h

ScanEagle einsatzklar zum Katapultstart, Im Hintergrund wartet das Skyhook-System auf die Landung. (© Insitu)

Im Landeanflug »kollidiert« ScanEagle gezielt mit dem Fangseil des Skyhook-Systems. Über die Flügelvorderkante gleitet das Seil zu den Flügelohren und rastet dort in ein Hakensystem ein, wobei gleichzeitig der Motor der Drohne ausgeschaltet wird. (© Insitu)

dass das US Marine Corps bereits im Juni 2004 zwei SeaScan-Systeme für Einsätze im Irak orderte. Dann klopfte auch die US Navy an und erteilte im April und September 2005 Beschaffungsaufträge im Wert von über 27 Millionen Dollar. Schiffsgestützt setzt die US Navy SeaScan nicht nur zur Überwachung des Schiffsverkehrs und der Ölplattformen im Persischen Golf, sondern auch rund um den Globus im Kampf gegen den Terror und als See-Fernaufklärer ein.

Ihre außergewöhnliche Leistungsfähigkeit, verbunden mit einer idealen Kombination von Einsatzdauer und Nutzlast demonstrierte SeaScan im August 2004 mit einem 16 Stunden und 45 Minuten dauernden Flug über dem Puget Sound (US-Bundesstaat Washington). Es war der bis dato längste Flug einer schiffsgestützt gestarteten und gelandeten Drohne! Seit ihrer Indienststellung 2004 hat sich die ScanEagle-Drohne bei Kampfeinsätzen in weit mehr als 500.000 Flugstunden bewährt.

Der als Antrieb gewählte Zweitakt-Mischmotor (Benzin, Gas oder Diesel) und mit heckinstallierter Druck-Luftschraube, soll im Rahmen leistungssteigernden Maßnahmen demnächst durch einen reinen Dieselmotor ersetzt und die Einsatzdauer dadurch auf mehr als 28 Stunden erhöht werden. Als weitere leistungssteigernde Maßnahmen wird ein Nachrüstsatz zur Lärmminderung des Triebwerks und einen Mode-C-Transponder angeboten. Dieser Transponder nutzt das mittlere Infrarotspektrum (Wellenlängen von 3 bis 8 μm), sodass ScanEagle auch bei Nacht und schlechtem Wetter (sogar bei Sandstürmen) aus großer Entfernung hochwertiges Bildmaterial in Tageslichtqualität senden kann. Dank einem so genannten ROVER-Link kann das Bildmaterial auch an vorgeschobene Fliegerleitoffiziere weitergeleitet werden. Navigiert wird satellitengestützt und mittels Trägheitsnavigation.

Seit Mitte 2009 sind leistungsgesteigerte Katapulte im Einsatz, sodass ScanEagle mit größerer Nutzlast gestartet und in größere Höhen geschleudert werden können. Ebenfalls seit 2009 offerieren Boeing-Insuti auch die Variante NightEagle, die – ausgestattet mit IR-Kameras – auch nachts erfolgreich operieren kann.

Ständig bemüht, die Leistungsfähigkeit des

ScanEagle-Systems zu steigern, modifizierte Insitu den Drohnenrumpf und schuf den »ScanEagle 2« (verfügbar seit Oktober 2014) mit einer zusätzlichen Nutzlastkammer. Sie misst zwar nur 22 x 17 cm, ermöglicht aber die Installierung zusätzlicher Sensoren bis zu einem Gewicht von 0,9 kg – beispielsweise das winzige Bodenradar NanoSAR mit Seitensicht-Betriebsart. Neu ist auch der mit Schweröl angetriebene neue und zuverlässigere Motor, der allerdings die Patrouillenflugdauer auf nur 16 Stunden verringert. Äußerlich unterscheidet sich die neue Variante vom „alten" ScanEagle auf den ersten Blick durch ein (wie beim NightEagle) auf dem Heckrumpf angeordnetes Seitenleitwerk.

Mit 1,98 m hat ScanEagle 2 eine deutlich größere Länge als das Basismodell. Als Leermasse nennt Insitu 16 kg und 22 kg Höchststartmasse. Auch die Patrouillengeschwindigkeit wurde bis auf 94 km/h gesteigert. Unter der zusätzlich mitgeführten Nutzlast leiden allerdings Dienstgipfelhöhe (nur noch 3000 m) und Einsatzdauer (nur noch bis maximal 16 Stunden).

Ebenfalls seit 2014 existiert ein neues Start- und Bergesystem. Genannt FLARES (Flying Launch and Recovery System) ersetzt es Startkatapult und Bergekran »Skyhook« und besteht stattdessen aus einem senkrecht startenden vierrotorigen unbemannten kleinen »Hubschrauber«. Dieser Quadrotor trägt ScanEagle senkrecht hoch und »entlässt« die Drohne in optimaler Höhe zum Vorwärtsflug. Zur Bergung fängt Quadrotor den ScanEagle – wie früher »Skyhook« – im Schwebeflug mit einem Kabel ein und bringt ihn sicher zu Boden. Von Ende 2014 bis Mitte 2015 erfolgreich erprobt, wird FLARES seine Ende 2016 in geringer Stückzahl seriengefertigt.

Im Mai 2018 präsentierten Boing-Insitu auf dem Marinetestgelände El Reg in Spanien als jüngste Variante den Prototyp ScanEagle 3. Sie unterliegt nicht den US-Bestimmungen zur Beschränkung des Exports rüstungsrelevanter Artikel ins Ausland (ITAR). Ihr Rumpf wiegt 36 kg, die Nutzlast konnte auf 9 kg erhöht werden. Katapultgestartet wird ScanEagle 3 mit rund 100 km/h in die Luft geschleudert und anschließend von einem Elektromotor mit Druckpropeller angetrieben.

ScanEagle im Flug.
(© Insitu)

Silver Fox

Diese kleine unbemannte taktische Aufklärungsdrohne blickt auf eine bewegte Geschichte zurück. 2001 in Tucson (US-Bundesstaat Arizona) von Advanced Ceramics Research in Zusammenarbeit mit dem Beschaffungsamt der US Navy (NAVAIR = Naval Air Systems Command) entwickelt, gelangte Silver Fox im Juni 2009 unter das Dach der britischen BAE Systems, wurde vier Jahre später von dem ebenfalls in Tucson beheimateten Unternehmen Sensintel Inc. übernommen. Sensintel, klein aber fein und eines der führenden Unternehmen für unbemannte Luftfahrzeuge, wurde dann aber im Januar 2015 von dem Rüstungs- und Elektronikkonzern Raytheon Company mit Sitz in Waltham (US-Bundesstaat Massachusetts) geschluckt.

Bestückt mit elektro-optischen und IR-Kameras dient Silver Fox als typische Aufklärungsdrohne. Katapultgestartet operiert sie auf einem vorgegebenen Kurs autonom, liefert Bildmaterial in Echtzeit bei Tag und Nacht an ihre Bodenkontrollstation und kann nach Ablauf ihres Einsatzes dank Kufenfahrwerk auch in unwegsamen Gelände landen oder wird mit einem Netzsystem abgefangen. Ihr »Pilot« kann den Kurs jederzeit manuell korrigieren. Eine Bodenkontrollstation kann bis zu zehn Drohnen überwachen/steuern. Angetrieben wird Silver Fox von einem Benzin- oder Elektromotor mit Zweiblatt-Propeller. Modular gebaut, sind Flügel und Leitwerk leicht und schnell demontiert. Ein Soldat genügt, um die Drohne in nur 15 Minuten einsatzklar zu machen.

Ein Silver-Fox-System besteht aus einer Drohne, sowie einem Katapultstartgerät, Bodenkonstrollstation, Video-System und einem geländegängigen kleinen Transportfahrzeug.

Erster »Kunde« der Silver Fox war das US Marine Corps (USMC), das Silver Fox erstmals im April 2003 einsetzte. Im Mai 2004 folgten die kanadischen Streitkräfte und im Juli 2013 beschaffte die kolumbianische Luftwaffe drei komplette Systeme.

Einsatzklare Silver Fox auf ihrem Katapultstartgerät. (© Raytheon)

Silver Fox

Triebwerk 1 Motor mit Zweiblatt-Propeller	**Motorleistung** k.A.	**Reichweite** ca. 40 km
Höchst- / Patrouillengeschwindigkeit 93 km/h / 83 km/h	**Dienstgipfelhöhe** ca. 3660 m	**Einsatzdauer** ca. 10 h
Massen Höchststartmasse: 13 kg Leermasse: 11 kg Nutzlast: ca. 2,2 kg	**Abmessungen** Spannweite: 2,40 m Höhe: 0,28 m Länge: 1,47 m	**Tankkapazität** 2,6 Liter

Silver Fox mit Bedienungsmannschaft an Bord des amphibischen Angriffsschiffes der *USS Boxer* (LHD 4).
(© Photographer's Mate 2nd Class Daniel J. McLain)

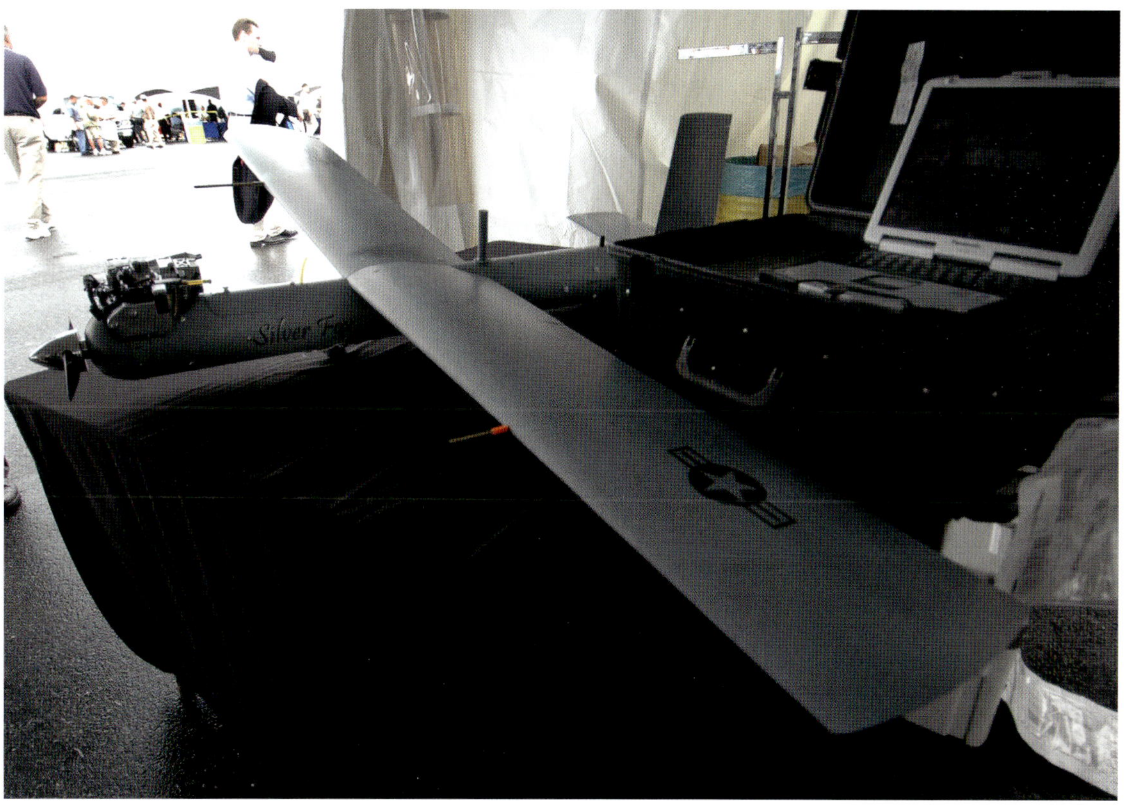

System »Silver Fox« (ohne Startkatapult).
(© Mass Comm. Specialist 3rd Class Noel Danseco)

Stingray MQ-25A

Dass unbemannten Luftfahrzeugen gegenwärtig kaum noch Grenzen gesetzt sind, beweist Boeing auch mit diesem Projekt. Aufklärungs-, Zieldarstellungs-, Stör- und Kampfdrohnen sind hinlänglich bekannt und seit September 2019 kann die US Navy endlich hoffen, mittelfristig eine trägergestützte Tarnkappen-Tankerdrohne in Dienst stellen zu können. Ursprünglich RAQ-25A, dann MQ-25 genannt, wird die Drohne seit Juli 2016 offiziell als MQ-25A Stingray (Stechrochen) geführt. Am 19. September 2019 absolvierte das Boeing-eigene »Testflugzeug« MQ-25 T1 (Tail 1) nach autonomen Rollversuchen seinen reibungslos verlaufenen Erstflug und nur wenige Tage später erteilte die US-Luftfahrtbehörde (FAA) die Flugzulassung für Versuchsflugzeuge.

Von Boeing-Testpiloten von einer Bodenkontrollstation am MidAmerica St. Louis Airport in Mascoutah (US-Bundesstaat Illinois) auf Scott Air Force Base gestartet, blieb die T1 rund zwei Stunden in der Luft, wobei – auf einem vorab festgelegten Kurs – grundlegende Flugfunktionen und -abläufe geprüft wurden.

Praktisch ist die MQ-25A nur die Vorläuferin des eigentlichen Entwicklungsfluggerätes (EDM = Engineering Development Model) und so will Boeing mit der MQ-25A nur erste Erfahrungen sammeln, um die Entwicklung zu beschleunigen und im Rahmen eines US-Navy-Auftrages (Wert 805 Mio. US-Dollar) insgesamt vier EDM MQ-25A-Musterfluggeräte bauen. Grundlagen für den Bau der Stingray sind die US-Navy-Programme UCAAS- (Unmanned Carrier Aviation Air System), UCLAAS (Unmanned Carrier-Launched Airborne Surveillance and Strike) und CBARS (Carrier-Based Aerial-Refueling System) zur Entwicklung einer Stealth-Tankerdrohne

Dabei ist geplant, MQ-25A (bzw. ihre später seriengefertigte Version) trägergestützt als unbemannte Tanker einzusetzen. An Bord der Flugzeugträger (Nimitz- und Ford-Klasse) stationiert, sollen sie die Aufgabe der bisherigen F/A-18 Super Hornet übernehmen und – beladen mit vier großen Treibstofftanks und einem unter dem linken (backbord) Flügel angeordneten Buddy-Pack (mit Treibstoff, Schlauchtrommel, dynamischem Antrieb und turbinengetriebenem Steuersystem) – die bemannten Kampfflugzeuge in der Luft mit Treibstoff versorgen und deren Einsatzreichweite bedeutend steigern.

Zur Platzsparenden Unterbringung an Bord der Flugzeugträger können ihre Flügel beigeklappt werden.

Sekundär sollen MQ-25 – ausgerüstet mit elektro-optischen und IR-Kameras – auch ISR-Aufgaben (Nachrichtengewinnung, Überwachung, Aufklärung) übernehmen und als Kommunikationsrelais dienen.

Verläuft alles planmäßig, wäre die MQ-25A das erste unbemannte Luftfahrzeug, das operationell von der Bord der US-Flugzeugträger eingesetzt wird. Insgesamt plant die US Navy, bis 2024 insgesamt 72 MQ-25A trägergestützt in Dienst zu stellen. Die »Lebenserwartung« einer MQ-25A wird mit rund 20 Jahren bewertet.

19. September 2019: Erstflug des Versuchsmodells EDM MQ-25 T1. (© Boeing)

Wasp

Auch diese Mini-Drohne aus dem Hause AeroVironment beruht auf einem Projekt der DARPA (Defense Advanced Research Projects Agency, eine Behörde des US-Verteidigungsministeriums für fortschrittliche Forschungsprojekte der US-Streitkräfte) aus der zweiten Hälfte der 1990er-Jahre. Gefordert wurde damals ein Aufklärungs- und Überwachungssystem, das Fronttruppen im Einsatz unterstützen, das heißt gegnerische Aktivitäten und Stellungen in Echtzeit erkennen und melden konnte.

Als miniaturisiertes Fluggerät konzipiert, war das Versuchsmodell Wasp Block I bei einer Spannweite von 33 cm nur 13 cm lang und wog 170 g. Es folgte dann die etwas größere Block-II-Version (Spannweite 41 cm, Länge 15 cm, Gewicht 275 g) für operationelle Verwendung. Zur Truppenerprobung bei Einheiten US Marine Corps (USMC) und US Army eingesetzt, blieb Wasp II bis zu einer Stunde in der Luft, erreichte Geschwindigkeiten von 40 bis 60 km/h und bis zu 4 km Reichweite.

Es folgte Wasp III. War das Tragwerk ihrer Vorgängerinnen noch rechteckig gestaltet, so ist ihr Flügel schlanker und gestreckter, die Vorderkante gepfeilt. Verglichen mit Wasp I und Wasp II erhielt Wasp III einen schlanken, tiefen Rumpf und ein auffallend großes Seitenleitwerk. Handgestartet, fliegt sie vollautomatisch und navigiert GPS-gestützt, kann aber auch von einem Betreiber manuell gesteuert werden. Weitgehend aus Kunststoff gefertigt, ist ihre Struktur so robust (und wasserdicht), dass sie nicht nur auf halbwegs ebenem Gelände, sondern auch auf Wasser horizontal landen kann. Ihren Namen Wasp (Wespe) verdankt sie ihrem leise surrenden Elektromotor, der von wiederaufladbaren Akkumulatoren gespeist wird. Die typische Einsatzhöhe der Wasp III schwankt zwischen 15 und 300 m, sodass sie – klein und leise – nur schwer zu orten ist. Ihre Sensoren liefern Bilder in Echtzeit bei Tag und Nacht. Wasp III wurden in zwei Varianten gefertigt: »Terra Wasp« für Landeinsätze und die schwimmfähige »Aqua Wasp«.

Jüngstes Mitglied der Wasp-Familie ist die Wasp AE RQ-12A. Ihre Konstruktion beruht auf der kampferprobten Wasp III, ist jedoch größer, besitzt begrenzte Stealth-Eigenschaften und ist schwimmfähig. Ihre Ausrüstung wurde um eine Kamera ergänzt, die die zur Landung vorgesehene

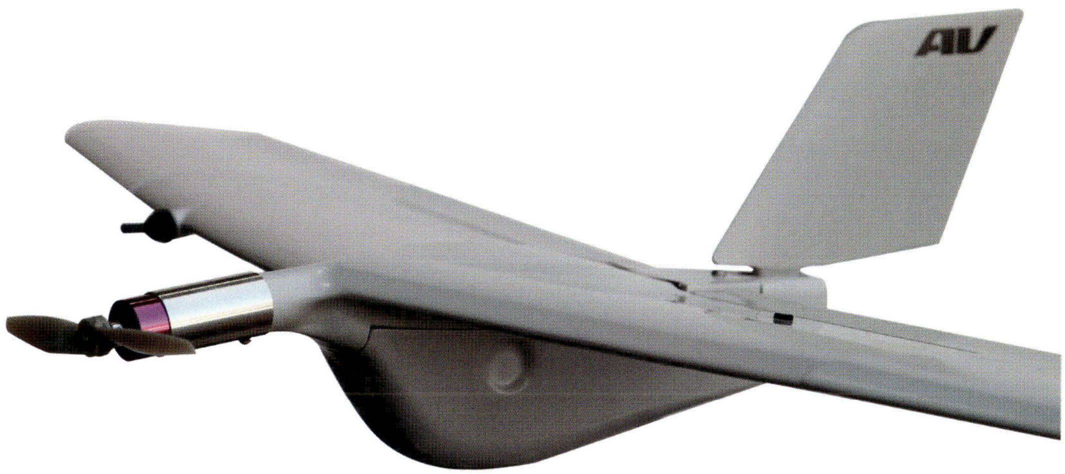

Wasp III.
(© AeroVironment)

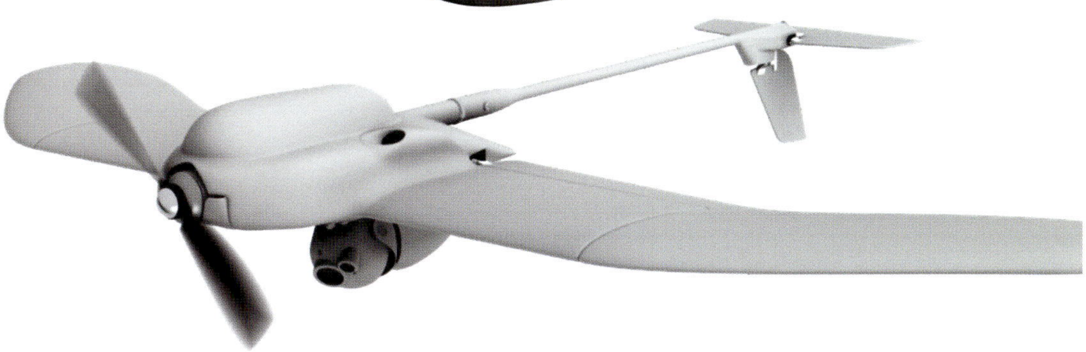

Wasp AE.
(© AeroVironment)

Örtlichkeit überwacht und dem »Piloten« eventuelle Gefahren am Boden (beispielsweise gegnerische Stellungen/Truppen oder Geländehindernisse) in Echtzeit meldet. Navigiert wird mittels bordgestützten, kardanisch installierten GPS- und Trägheitsnavigationssystemen und Autopilot, allerdings kann der »Pilot« jederzeit in den Flugverlauf eingreifen und wenn nötig manuell steuern. Wie alle Mitglieder der Wasp-Familie landet auch die Wasp AE RQ-12A in einem weitüberzogenen Flugzustand (deep-stall).

Ein System besteht aus einer Drohne sowie je einer Bodenkontroll- und Kommunikationsstation, wie sie auch für Raven und Puma verwendet werden. USAF und USMC haben 2012 bzw. 2013 mit der Indienststellung der Wasp AE RQ-12A begonnen.

Schwimmfähig und vielseitig verwendbar, operieren Wasp AE in jeder Umgebung. Ein Kontrollsystem findet auch in einem Boot Platz. (© AeroVironment)

Wasp III

Triebwerk 1 Elektromotor mit Zweiblatt-Propeller	**Motorleistung** k.A.	**Reichweite** 5 km
Höchstgeschwindigkeit 83+ km/h	**Patrouillengeschwindigkeit** 40 bis 65 km/h	**Einsatzdauer** 45 min
Einsatzflughöhe 15 bis 300 m	**Massen** Höchststartmasse: 6,53 kg Leermasse: 430 g (»Terra Wasp«)	**Abmessungen** Länge: 0,38 m Spannweite: 0,72 m

Wasp AE RQ-12A

Triebwerk 1 Elektromotor mit Zweiblatt-Propeller	**Motorleistung** k.A.	**Reichweite** 5+ km
Höchstgeschwindigkeit 83+ km/h	**Patrouillengeschwindigkeit** 37 km/h	**Einsatzdauer** 50 min
Einsatzflughöhe 152 m	**Massen** Höchststartmasse: k.A. Leermasse: 1,3 kg	**Abmessungen** Länge: 0,76 m Spannweite: 1,02 m

Handstart einer Wasp AE.
(© AeroVironment)

X-47A/B/C

Wie Boeings X-45 Spiral, verdankt auch die X-47 ihr Dasein dem DARPA-Programm J-UCAS (Joint Unmanned Combat Air System). Während Boeing sich dabei stärker an den Anforderungen der US Air Force orientierte, setzte Northrop Grumman auf die Marine und deren Programm UCAS-D (Unmanned Combat Air Systems CV Demonstration Program) für einen unbemannten Kampfjet zum Einsatz von Flugzeugträgern.

Am 30. Juli 2001 wurde der erste Versuchsträger, eine X-47A Pegasus, in einem feierlichen Roll-out der Öffentlichkeit präsentiert. Ihren Erstflug absolvierte die X-47A am 23. Februar 2003. Im Verlauf des Testprogramms wurde auf »scharfe« Bombenabwürfe verzichtet. Stattdessen wurde zur Simulierung des operativen Kampfgewichts in ihren beiden internen Waffenschächten (links/rechts neben dem Triebwerk) jeweils eine 225 kg schwere Übungsbombe mitgeführt.

Nachdem die USAF am 13. Januar 2006 ihr J-UCAS-Programm abgebrochen hatte, schlug die Stunde der US Navy und der X-47B und schon am 16. Dezember 2008 präsentierte Northrop Grumman diese überarbeitete, größere Variante. Auch sie kann in ihren Waffenschächten Bomben mitführen. Bis zum Beginn der Rollversuche in Palmdale verging allerdings ein Jahr und erst am 4. Februar 2011 startete die erste X-47B zum erfolgreichen Erstflug; die zweite startete am 22. November 2011 in Edwards AFB zu einem 30-minütigen Flug. Das nachfolgende Testprogramm war auf drei Jahre ausgelegt. Simulierte Trägerlandungen begannen Ende November 2012 und endeten mit einer Landung der X-47B auf einem nachempfundenen, landgestützten Flugdeck am 4. Mai 2013. Nur zwei Wochen später, am 14. Mai 2013, erfolgte der erste trägergestützte Katapultstart vom Flugzeugträger *USS George*

Roll-Out der X-47A Pegasus am 30. Juli 2011. Als wäre sie einem Science-Fiction-Film entsprungen. (© DARPA)

X-47B an Bord der *USS George H. W. Bush* mit beigeklappten Flügelspitzen (© US DoD)

X-47B während der Luftbetankung.
(© US Navy)

Register